成品

Premiere Pro  CC

视频编辑
剪辑制作 实战从入门到精通

刘鸿燕 赵婷 王志新 编著

U0293155

清华大学出版社

北京

内 容 简 介

本书采用技术理论和具体案例相结合的方式，详细讲解了 Adobe Premiere Pro CC 2017 的重要功能、典型特效和常用插件，以及代表行业案例的制作流程和技术应用。

本书分两大部分，第一部分为功能技法，包括第 1 ～ 7 章；第二部分为商业案例，包括第 8 ～ 11 章，主要内容包括基本剪辑技能、视音频特效应用、视频过渡特效、字幕特效、视频合成技巧和影视调色等，最后通过对 4 个不同行业的综合案例进行剖析，讲解完整高效的制作流程和软件的综合运用，充分体现 Adobe Premiere Pro CC 2017 高超的创造力，使读者能够举一反三，拓展思路，快速进阶为影视后期编辑和特效制作的高手。

本书既可以作为高等院校相关专业的教材，又可以作为影视后期制作培训班的培训教材，还可以作为电子相册设计、视频广告制作、影视后期编辑等相关从业人员的参考书。

图书在版编目 (CIP) 数据

成品——Premiere Pro CC 视频编辑剪辑制作实战从入门到精通 / 刘鸿燕，赵婷，王志新 编著 . —北京：清华大学出版社，2018

ISBN 978-7-302-48727-2

Ⅰ . ①成… 　Ⅱ . ①刘… ②赵… ③王… 　Ⅲ . ①视频编辑软件—教材　Ⅳ . ① TN94

中国版本图书馆 CIP 数据核字 (2017) 第 271341 号

责任编辑：李　磊
封面设计：王　晨
版式设计：思创景点
责任校对：曹　阳
责任印制：杨　艳

出版发行：清华大学出版社
　　　　网　　址：http://www.tup.com.cn，http://www.wqbook.com
　　　　地　　址：北京清华大学学研大厦A座　　　　　邮　　编：100084
　　　　社 总 机：010-62770175　　　　　　　　　　邮　　购：010-62786544
　　　　投稿与读者服务：010-62776969，c-service@tup.tsinghua.edu.cn
　　　　质 量 反 馈：010-62772015，zhiliang@tup.tsinghua.edu.cn
印 装 者：北京亿浓世纪彩色印刷有限公司
经　　销：全国新华书店
开　　本：190mm×260mm　　　印　　张：18.5　　　字　　数：559千字
版　　次：2018年1月第1版　　　印　　次：2018年1月第1次印刷
印　　数：1～3000
定　　价：79.80元

产品编号：065204-01

前言

Adobe Premiere Pro CC 2017 是由 Adobe 公司推出的一款非常优秀的视频非线性编辑软件，无论哪种视频媒体，从用手机拍摄的视频到用专业摄像设备拍摄的视频，都能导入并自由地组合，再以原生形式编辑，而不需花费时间转码。它以编辑方式简便实用、对素材格式支持广泛等优势，得到众多视频编辑工作者和爱好者的青睐。

本书是一本能够帮助读者快速入门并提高实战能力的学习用书，采用完全适合自学的"教程＋案例"和"完全案例"两种编写形式，所有例子均精心挑选和制作，将 Premiere Pro CC 2017 枯燥的知识点融入实例之中，并进行了简要而深刻的说明，兼具技术手册和应用技巧参考手册的特点。

本书按照软件功能以及实际应用进行划分，每一章的实例在编排上循序渐进。首先讲解了 Premiere Pro CC 2017 的各项功能与操作技巧，包括影视剪辑入门、视频滤镜应用、视频过渡特效、字幕特效、音频特效、视频合成技巧、影视调色等；还重点讲解了常用插件例如光工厂、皮肤润饰 Beauty Box、特效插件 BCC 10、唱词连拍插件和 NewBlue FX 文字特效插件，并用一个完整的章节详细讲述了目前在广告、宣传片、微电影或者音乐电视中应用相当广泛的高级调色技术，如 Magic Bullet 插件组、Lumetri 调色预设以及 Match 色彩匹配等校色技巧；最后从提升视频编辑技能的角度出发，深入到商业应用的层面，讲解了不同行业风格的数码相册、电子旅游纪念册、宣传片片头包装和酒饮广告片等作品的制作方法与技巧。

本书内容安排由浅入深，每一章的内容都丰富多彩，力争涵盖 Premiere Pro CC 2017 的全部知识点。本书由具有丰富经验的设计师编写，从视频编辑剪辑的一般流程入手，逐步引导读者学习软件基础知识和编辑剪辑视频的各种技能。希望本书能够帮助读者解决学习中的难题，提高技术水平，快速成为后期处理高手。

本书由刘鸿燕、赵婷和王志新编著，在成书的过程中，王妍、师晶晶、华冰、冯莉、周炜、王淑军、路倩、赵建、张国勇、赵昆、李占方、彭聪、李爽、吴倩、杨柳、朱鹏、张峰、苗鹏、刘一凡、陈瑞瑞、朱虹、胡爽、孙丽莉、宋盘华、马莉娜、李英杰和梁磊等人也参与了部分编写工作。由于作者编写水平有限，书中难免有疏漏和不足之处，恳请广大读者批评、指正。读者在学习的过程中如果遇到问题，可以联系作者（电子邮件 58388116@qq.com）。

本书提供了素材文件、工程文件、效果文件、教学视频和 PPT 课件等立体化教学资源。读者在学习时，扫描下方的二维码，然后推送到自己的邮箱，即可下载获取相应的资源。

素材 1、素材 2：提供了本书案例所用到的图片和视频等素材，以便读者制作。

效果 1、效果 2：提供了本书案例的最终效果文件，以便读者参考学习。

视频 1、视频 2：提供了本书案例的教学视频，让读者可以现场学习。

工程：提供了本书案例的工程文件，方便读者参考使用。

课件：提供了与书配套的 PPT 教学课件，方便老师教学以及学生预习。

编 者

目 录
CONTENTS

▶ 第1章 影视剪辑入门 ◉

▶ 第2章 视频滤镜应用 ◉

第3章　视频过渡特效

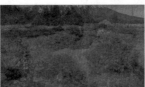

第4章　字幕特效

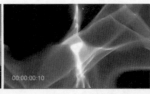

第5章　音频特效

▶ 第 6 章　视频合成技巧

▶ 第 7 章　影视调色

▶ 第 8 章　戏剧摄影展宣传片

第 1 章

影视剪辑入门

Adobe Premiere Pro CC 2017 附带了大量令人激动的新增功能。使用团队项目有效进行协作，这是一项托管服务，可让编辑人员和运动图形艺术家在 Premiere Pro CC、After Effects CC 和 Prelude CC 内的项目中共同协作，允许对单个项目无缝进行同时更改。自定义文本、位置、背景和字体颜色，并使用新的"边缘颜色"功能确保在任何背景上轻松阅读开放字幕。借助 Lumetri Color 工具集增强功能扩展剪辑师创造性。当使用 HSL Secondary 和白平衡时，新的拾色器可直接在视频上立即做出直观的选择。

本章重点

■新建项目设置	■插入与覆盖素材	■管理素材文件	■三点与四点编辑
■滚动与滑动编辑	■素材调速	■设置关键帧	■链接和替换素材
■复制素材属性	■嵌套序列	■多机位编辑	■预览和输出影片

实例001 新建项目设置

案例文件：	工程 / 第 1 章 / 实例 001.prproj		视频教学：	视频 / 第 1 章 / 新建项目设置 .mp4
难易程度：	★★★☆☆	学习时间：2 分 51 秒	实例要点：	新建项目的参数设置

步骤 1 打开软件 Premiere Pro CC 2017，会显示欢迎界面，如图 1-1 所示。

步骤 2 进入软件工作界面，可以打开一个原有的项目，也可以新建一个项目，如图 1-2 所示。

图 1-1 欢迎界面

图 1-2 开始界面

步骤 3 新建一个项目时就需要根据工作的要求进行设置，如图 1-3 所示。

步骤 4 单击"暂存盘"选项卡，在其中设置各项参数，如图 1-4 所示。

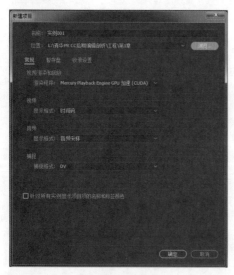

图 1-3 新建项目

图 1-4 设置项目参数

步骤 5 单击"确定"按钮，进入工作界面，如图 1-5 所示。

步骤 6 选择主菜单"文件"|"项目设置"|"常规"命令，打开相应的对话框，如图 1-6 所示。

 提示

也可以对暂存盘重新进行设置。

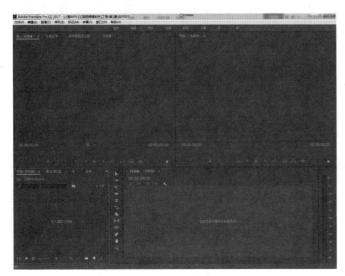
图 1-5　工作界面

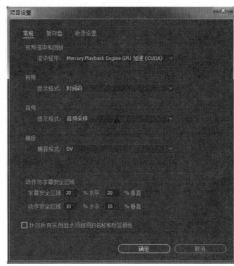
图 1-6　项目设置

步骤 7　选择主菜单"编辑"|"首选项"|"常规"命令，可以修改启动方式，调整视音频过渡的长度以及静止图像的默认长度等，如图 1-7 所示。

步骤 8　单击"外观"选项卡，可以调整工作界面外观的亮度，如图 1-8 所示。

图 1-7　常规设置

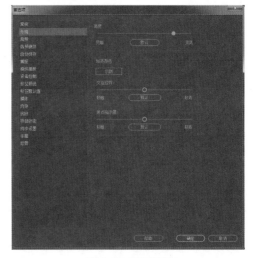
图 1-8　外观设置

步骤 9　单击"确定"按钮，关闭"首选项"对话框，这样就做好了开始导入素材等编辑工作的准备。

实例002　导入素材文件

案例文件：	工程 / 第 1 章 / 实例 002.prproj		视频教学：	视频 / 第 1 章 / 导入素材文件 .mp4
难易程度：	★★★☆☆	学习时间：　1 分 47 秒	实例要点：	导入视频和图像序列素材的方法

步骤 1　打开软件 Premiere Pro CC 2017，进入工作界面，选择主菜单"文件"|"导入"命令，在弹出的"导入"对话框中选择视频文件"飞机 .mp4"，如图 1-9 所示。

步骤 2　单击"打开"按钮，视频素材就出现在"项目"窗口中，拖曳素材缩略图底部的滑块可以查看素材内容，如图 1-10 所示。

图 1-9　选择文件

图 1-10　导入素材

提示　　除使用"导入"命令外，还可以采用以下方法打开"导入"对话框：按键盘上的 Ctrl+I 组合键；在"项目"窗口的空白处双击；在"项目"窗口的空白处单击鼠标右键，从弹出的快捷菜单中选择"导入"命令。

步骤 3　在"项目"窗口的空白处单击鼠标右键，在弹出的快捷菜单中选择"导入"命令，打开"导入"对话框，选择合适的图像序列文件，如图 1-11 所示。

步骤 4　单击"打开"按钮，图像序列就作为一个素材添加到"项目"窗口中了，拖动缩略图底部的滑块，预览素材内容，如图 1-12 所示。

步骤 5　在"项目"窗口中双击素材缩略图，在"源监视器"窗口中查看素材内容，如图 1-13 所示。

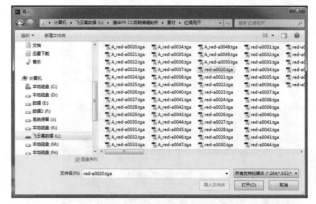

图 1-11　选择序列文件

图 1-12　导入序列文件

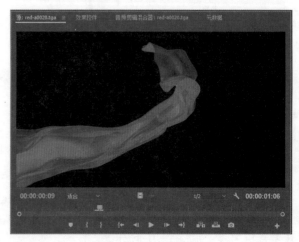

图 1-13　查看素材内容

如果只需要导入序列图片中的某几张，在"导入"对话框中按住 Ctrl 键单击需要的图片即可。

实例003 插入与覆盖素材

案例文件：	工程 / 第 1 章 / 实例 003.prproj			视频教学：	视频 / 第 1 章 / 插入与覆盖素材 .mp4
难易程度：	★★★★☆	学习时间：	3 分 19 秒	实例要点：	源素材的插入与覆盖方法

步骤 1 打开上一节的项目文件"实例 002.prproj"，选择主菜单"文件"|"另存为"命令，另存为项目文件"实例 003.prproj"。

步骤 2 在"项目"窗口中双击红绸素材的缩略图，在"源监视器"窗口中打开素材，拖曳滑块查看素材内容，设置当前时间为 00:00:00:04，单击"标记入点"按钮，添加一个入点，如图 1-14 所示。

步骤 3 将当前时间设为 00:00:01:02，单击"标记出点"按钮，添加出点，如图 1-15 所示。

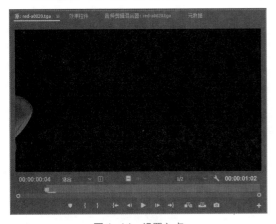

图 1-14 设置入点

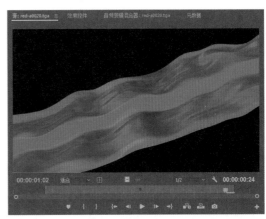

图 1-15 设置出点

步骤 4 将素材拖曳到时间线窗口的 V1 轨道中，如图 1-16 所示。

步骤 5 在"项目"窗口中双击打开飞机素材，查看素材内容，将当前时间设为 00:00:03:20，添加出点，如图 1-17 所示。

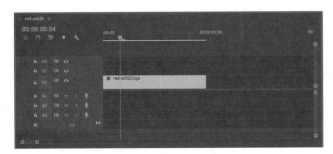

图 1-16 拖曳素材到时间线

图 1-17 添加出点

步骤6 激活时间线窗口，按下键盘上的 Down 键设置当前指针到第一个片段的末端，单击"源监视器"窗口底部的"插入"按钮，新的片段自动添加到时间线窗口中，如图 1-18 所示。

步骤7 在"项目"窗口中导入素材"开红花.mp4"，在"源监视器"窗口中查看内容并设置入点 00:00:00:20 和出点 00:00:06:00，如图 1-19 所示。

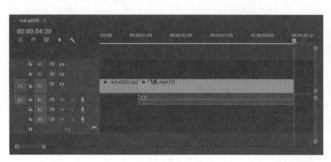

图 1-18 插入新素材

图 1-19 设置出入点

步骤8 激活时间线窗口，按下键盘上的 Up 键，设置当前时间线到两个片段的交接处，单击"源监视器"窗口底部的"插入"按钮，新的片段自动添加到时间线窗口中，排列在第二个片段，如图 1-20 所示。

步骤9 在"项目"窗口中导入素材"落日飞鸟.mp4"，双击打开并在"源监视器"窗口中设置出点，如图 1-21 所示。

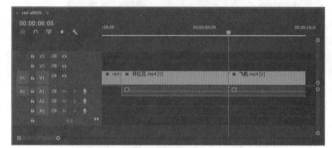

图 1-20 插入素材

提示　　覆盖与插入的使用方法是相同的，但结果是完全不同的，覆盖会替换原有的素材，而插入只是添加素材。

步骤10 在时间线窗口中拖曳当前指针到 4 秒 15 帧，单击"源监视器"窗口底部的"覆盖"按钮，新的片段自动替换相应的素材，如图 1-22 所示。

图 1-21 设置出点

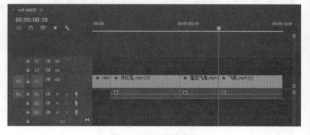

图 1-22 覆盖素材

实例004 管理素材文件

案例文件：	工程 / 第 1 章 / 实例 004.prproj		视频教学：	视频 / 第 1 章 / 管理素材文件 .mp4
难易程度：	★★★☆☆	学习时间： 1 分 41 秒	实例要点：	素材命名、素材箱以及素材属性

步骤1 打开项目文件"实例 003.prproj"，选择主菜单"文件"|"另存为"命令，另存为项目文件"实例 004.prproj"。

步骤2 在"项目"窗口的序列"red-a0020"上单击鼠标右键，在弹出的快捷菜单中选择"重命名"命令，然后在名称栏中修改名称，如图 1-23 所示。

步骤3 在序列图片素材"red-a0020.tga"上单击鼠标右键，在弹出的快捷菜单中选择"重命名"命令，修改名称为"红绸"，如图 1-24 所示。

 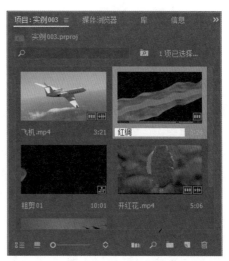

图 1-23 重命名素材 1　　　　　　　　　　图 1-24 重命名素材 2

步骤4 在"项目"窗口的空白处单击鼠标右键，在弹出的快捷菜单中选择"新建素材箱"命令，创建一个素材箱，如图 1-25 所示。

 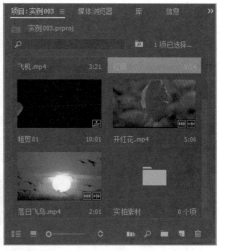

图 1-25 新建素材箱

步骤5 在"项目"窗口中选择"飞机"和"落日飞鸟"两个素材并拖曳到素材箱中，如图 1-26 所示。

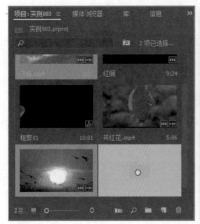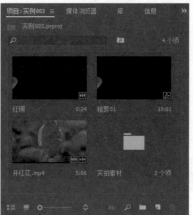

图 1-26　将素材添加到素材箱

步骤 6　在"项目"窗口底部单击按钮，将素材按照列表方式显示，方便按照名称进行查找和比较，如果横向扩展项目窗口，可以查看素材更多的信息，如图 1-27 所示。

图 1-27　查看素材信息

步骤 7　当创建了素材箱，可以双击并打开素材箱，查看其中的素材和进行预览等操作，如图 1-28 所示。

图 1-28　打开素材箱

实例005 设置标记点

案例文件：	工程 / 第 1 章 / 实例 005.prproj		视频教学：	视频 / 第 1 章 / 设置标记点 .mp4
难易程度：	★★★☆☆	学习时间：	1 分 45 秒	实例要点：	设置标记点的方法

步骤 1 打开项目文件"实例 004.prproj"，选择主菜单"文件" | "另存为"命令，另存为"实例 005.prproj"。

步骤 2 在"项目"窗口中双击并打开素材"开红花 .mp4"，在"源监视器"窗口底部单击"转到入点"按钮，当前时间线在源素材的入点位置，单击"添加标记"按钮，添加一个标记点，如图 1-29 所示。

步骤 3 双击标记点，打开标记点属性面板，可以在名称栏中输入标记点的名称，也可以在注释栏中输入文字，如图 1-30 所示。

图 1-29　添加标记点

图 1-30　设置标记点属性

 提示

标记点具有不同的功能，例如注释、章节、分段和 Web 链接，或者是 Flash 提示点。

步骤 4 单击"确定"按钮关闭对话框，在预览窗口底部出现标记点图标，如图 1-31 所示。

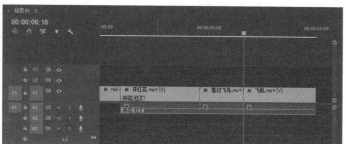

图 1-31　出现标记点

步骤5　在时间线窗口中拖曳当前指针到第二、三片段的交接处，单击"节目监视器"窗口底部的"添加标记"按钮 ，如图 1-32 所示。

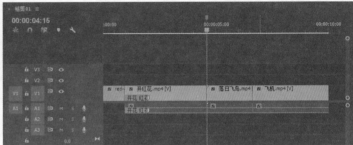

图 1-32　添加节目标记点

步骤6　双击标记点，打开标记点属性对话框，如图 1-33 所示。

步骤7　单击"确定"按钮，关闭标记点属性对话框，在时间线上和"节目预览"窗口底部的标记点变成了青色，如图 1-34 所示。

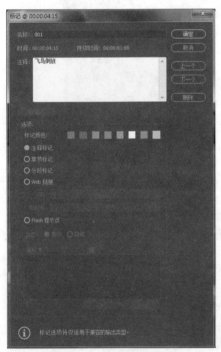

图 1-33　编辑标记点属性　　　　　　　　图 1-34　查看节目标记点

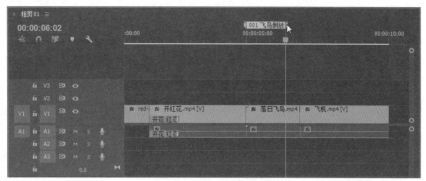

图 1-35　延长标记点时长

实例006　三点与四点编辑

案例文件：	工程 / 第 1 章 / 实例 006.prproj		视频教学：	视频 / 第 1 章 / 三点与四点编辑 .mp4
难易程度：	★★★★☆	学习时间：4 分 03 秒	实例要点：	执行三点与四点编辑的方法

步骤1　新建项目文件，导入多个素材到"项目"窗口中，如图 1-36 所示。

步骤2　新建一个序列，选择预设 HDV 组中的"HDV 720p25"，如图 1-37 所示。

图 1-36　导入素材

图 1-37　新建序列

步骤3　双击打开素材"航拍河 .mp4"，设置入点和出点，然后拖曳到时间线窗口中，如图 1-38 所示。

步骤4　在"项目"窗口中双击打开素材"街道 .mp4"，设置入点和出点，然后拖曳到时间线窗口中第二个片段位置，如图 1-39 所示。

步骤5　激活时间线窗口，设置当前时间在 00:00:04:00，单击节目窗口底部的"标记入点"按钮，添加节目入点，如图 1-40 所示。

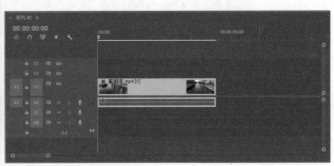

图 1-38　设置素材出入点并拖曳到时间线

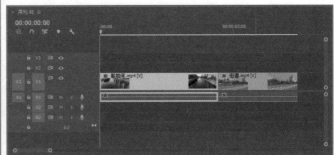

图 1-39　设置素材出入点并添加到时间线

步骤 6　在"项目"窗口中双击打开素材"云流动 .mp4"，在"源监视器"窗口中设置入点和出点，如图 1-41 所示。

步骤 7　单击"素材监视器"底部的"插入"按钮，在时间线入点处插入新的素材，执行三点编辑，如图 1-42 所示。

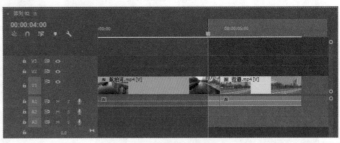

图 1-40　添加节目标记点

图 1-41　设置素材的出入点

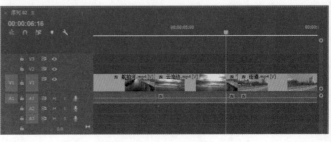

图 1-42　插入新素材

步骤8 在时间线上选择第三个片段，按住 Shift 键再按下 Delete 键删除该片段，如图 1-43 所示。

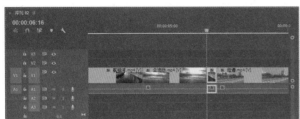 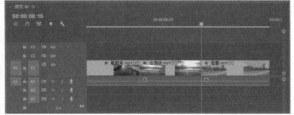

图 1-43　删除片段

步骤9 如果要执行四点编辑，需要设置时间线的入点和出点，以确定新片段的位置，如图 1-44 所示。

步骤10 在"项目"窗口中双击素材"高架桥 .mp4"，在"源监视器"窗口中打开，设置素材的入点和出点，如图 1-45 所示。

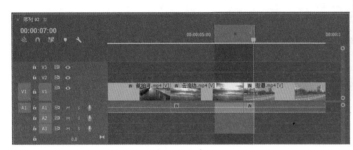 

图 1-44　设置节目出入点　　　　　　　　　　　　　图 1-45　设置素材的入点和出点

步骤11 当确定了素材的入点和出点并执行插入时，弹出"适合剪辑"对话框，如图 1-46 所示。

步骤12 选择合适的选项执行覆盖素材，例如选择第一个选项，不改变节目的长度，通过调整素材速度匹配时间线入点和出点之间的长度，如图 1-47 所示。

 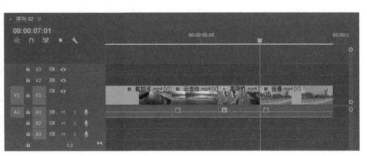

图 1-46　"适合剪辑"对话框　　　　　　　　　　图 1-47　四点编辑

 提示　　如果要保持时间线长度和各个原有的片段位置不变，也可以选择"忽略源入点"和"忽略源出点"选项，如果要保持新添加的素材长度不变，就要选择"忽略序列入点"和"忽略序列出点"。

实例007　滚动与滑动编辑

案例文件：	工程 / 第 1 章 / 实例 007.prproj		视频教学：	视频 / 第 1 章 / 滚动与滑动编辑 .mp4
难易程度：	★★★★☆	学习时间：2 分 19 秒	实例要点：	滚动与滑动编辑的方法

步骤 1　打开上一节制作的项目"实例006.prproj"，选择主菜单"文件"|"另存为"命令，另存为"实例 007.prproj"。

步骤 2　在工具栏中选择"滚动编辑工具"，在时间线窗口中单击第二、三片段的交界处，按住鼠标左键向左拖曳，在素材下方可以查看拖曳的时长，在"节目监视器"窗口中可以查看前后素材的出点和入点，如图 1-48 所示。

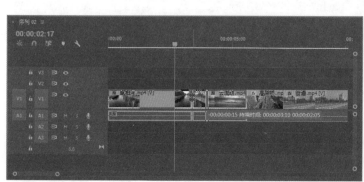 

图 1-48　执行滚动编辑

提示　　使用"滚动编辑工具"可以调整前后相邻素材的出点和入点，但不会改变节目的长度，如果使用"波纹编辑工具"调整素材的出点和入点，将影响其他素材的位置，以致影响节目的长度。

步骤 3　在工具栏中选择"外滑工具"，在时间线窗口中第三片段上单击并向左拖曳，在素材下方可以查看拖曳的时长，在"节目监视器"窗口中可以查看前后相邻素材的出点和入点，如图 1-49 所示。

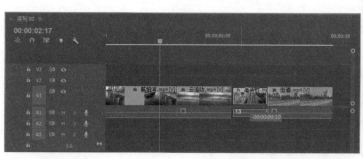 

图 1-49　外滑工具编辑

步骤 4　在工具栏中选择"内滑工具"，在时间线窗口中第三片段上单击并向左拖曳，在素材下方可以查看拖曳的时长，在"节目监视器"窗口中可以查看前后相邻素材的出点和入点，如图 1-50 所示。

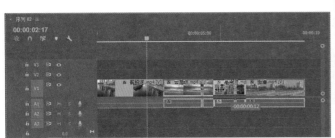

图 1-50 内滑工具编辑

 提示　　"外滑工具"编辑只改变素材的入点和出点，不会影响相邻素材的位置，而"内滑工具"编辑不改变素材的入点和出点，会改变素材在时间线上的位置，从而改变相邻素材的出点和入点。

步骤5 　使用"选择工具"[] 也可以改变素材在时间线的位置，如图 1-51 所示。

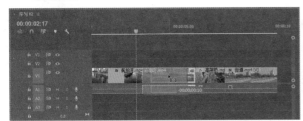 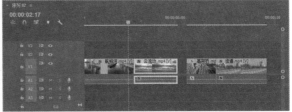

图 1-51　改变素材位置

步骤6 　使用"选择工具"[] 也可以改变素材的长度，如图 1-52 所示。

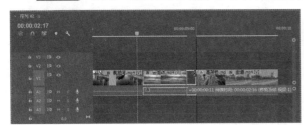 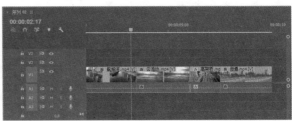

图 1-52　改变素材长度

实例008 时间线编辑

案例文件：	工程 / 第 1 章 / 实例 008.prproj		视频教学：	视频 / 第 1 章 / 时间线编辑 .mp4
难易程度：	★★★☆☆	学习时间：　2 分 07 秒	实例要点：	时间线编辑技巧

步骤1 　打开上一节制作的项目"实例 007.prproj"，选择主菜单"文件"|"另存为"命令，另存为"实例 008.prproj"。

步骤2 在时间线窗口左端标题栏的顶部单击序列名称右侧的按钮▤，从弹出的菜单中激活"视频头缩略图"选项，改变时间线上素材的缩略图方式，如图 1-53 所示。

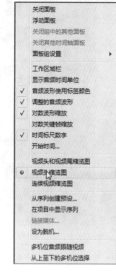

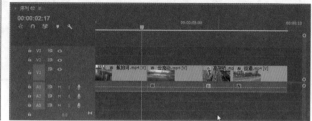

图 1-53　改变素材显示方式

步骤3 单击时间轴显示设置按钮◤，从弹出的菜单中可以选择合适的时间轴显示选项，例如勾选"显示音频名称"选项，如图 1-54 所示。

步骤4 在时间线窗口的左下角有控制窗口显示大小的控制条，不仅可以缩放时间线窗口大小，还可以调整素材在时间线中显示的位置，这样便于查找和编辑，如图 1-55 所示。

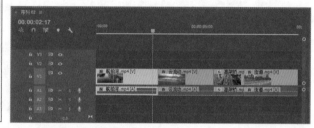

图 1-54　时间轴显示设置

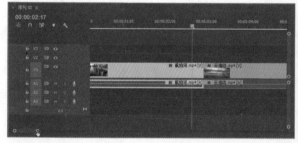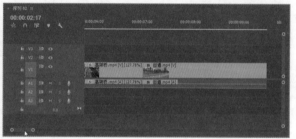

图 1-55　调整时间线窗口显示

 提示　　将光标放置于时间线窗口中，通过滚轮可以调整时间线显示的位置；将光标放置于时间线窗口缩放控制条上，通过滚轮可以调整时间线显示的大小；通过键盘上的加号和减号键也可以调整时间线窗口显示的大小。

步骤5 在时间线窗口或者"节目监视器"窗口中可以随意拖曳时间指针到需要编辑的位置，如图 1-56 所示。

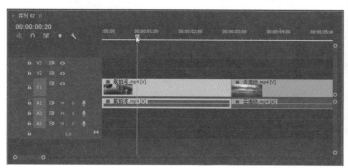

图 1-56　拖曳时间指针

步骤 6　为了更精准地找到编辑位置，可以单击"节目监视器"窗口底部的"逐帧向后"按钮◀️或"逐帧向前"按钮▶️，还可以按键盘上的左方向键或右方向键，还有一种比较高效的方法，就是将光标放置于"节目监视器"窗口中，通过滚动滚轮来快速逐帧查找到编辑位置，如图 1-57 所示。

图 1-57　滚轮逐帧查找

实例009　素材调速 🎬

案例文件：	工程 / 第 1 章 / 实例 009.prproj		视频教学：	视频 / 第 1 章 / 素材调速 .mp4
难易程度：	★★★★☆	学习时间：　3 分 42 秒	实例要点：	改变素材速度的方法

步骤 1　新建项目，命名为"实例 009"，新建一个序列，选择预设"HDV 720p25"。

步骤 2　将素材"泼墨 01.mp4"导入"项目"窗口中，双击该素材，在"源监视器"窗口中查看素材内容并设置出点为 00:00:11:20，然后添加到时间线上，如图 1-58 所示。

步骤 3　在时间线上选择该素材，在"效果控件"面板中设置"缩放"为 133%，如图 1-59 所示。

图 1-58　添加素材到时间线

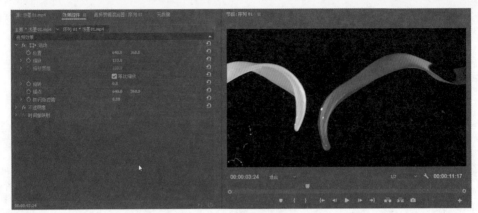

图 1-59 调整缩放比例

步骤 4 在时间线窗口中拖曳当前时间指针到 5 秒，按 Ctrl+K 组合键将素材分割成两段，如图 1-60 所示。

步骤 5 在时间线的第一段素材上单击鼠标右键，在弹出的快捷菜单中选择"速度 / 持续时间"命令，在弹出的"剪辑速度 / 持续时间"对话框中可以查看调整后的素材速度和持续时间，如图 1-61 所示。

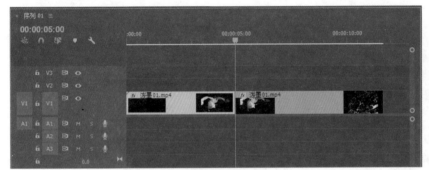

图 1-60 分割素材

图 1-61 调整速度和长度

 提示

这样改变素材的速度不管变快还是变慢，都是匀速的。

步骤 6 第一段素材速度变快了，长度就相应变短了，如图 1-62 所示。

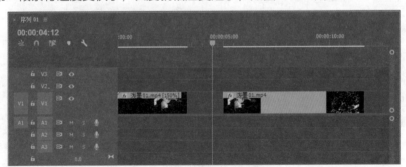

图 1-62 素材速度与长度变化

步骤 7 选择工具栏中的"比率拉伸工具" ，向左拖曳第一片段的右端，直接改变素材的速度和长度，如图 1-63 所示。

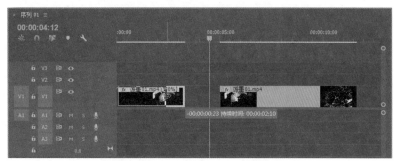

图 1-63　调整素材速度和长度

步骤 8　在时间线窗口的空白位置单击鼠标右键，在弹出的快捷菜单中选择"波纹删除"命令。

步骤 9　接下来在"效果控件"面板中对素材进行不均匀变速。在时间线窗口中选择第二个片段，激活"效果控件"面板，分别在 3 秒和 4 秒处添加"速度"的关键帧，如图 1-64 所示。

步骤 10　在 4 秒关键帧处向上拖曳速率曲线，提高速度，如图 1-65 所示。

步骤 11　单击 4 秒关键帧，向后拖曳延长速率变化的时间，如图 1-66 所示。

步骤 12　素材速度发生了非匀速的改变，素材在时间线窗口中的长度也相应发生了变化，如图 1-67 所示。

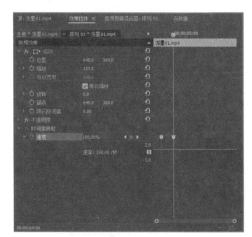

图 1-64　添加关键帧

图 1-65　调整速率曲线

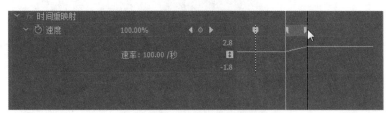

图 1-66　调整速率变化的长度

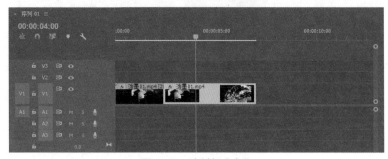

图 1-67　素材长度变化

实例010 设置关键帧

案例文件：	工程 / 第 1 章 / 实例 010.prproj	视频教学：	视频 / 第 1 章 / 设置关键帧 .mp4
难易程度：	★★★☆☆　学习时间：	4 分 08 秒　实例要点：	设置关键帧的方法

步骤 1 新建项目文件，命名为"实例 010"，新建一个序列，选择预设"HDV 720p25"。

步骤 2 导入图片素材"河传 01.jpg""河传 05.jpg"和"河传 08.jpg"并拖曳到时间线上，如图 1-68 所示。

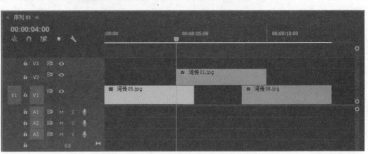

图 1-68　添加素材到时间线

步骤 3 选择第一个片段，在"效果控件"面板中调整素材的"位置"参数，同时也可以在"节目监视器"窗口中查看位置，如图 1-69 所示。

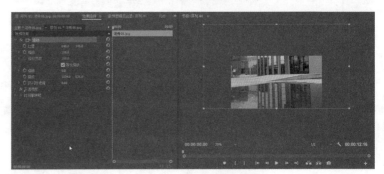

图 1-69　调整素材位置

步骤 4 拖曳当前指针到序列的起点，单击"位置"前面的码表 设置关键帧，如图 1-70 所示。

图 1-70　设置关键帧

步骤 5 在时间线窗口中关闭视频轨道 V2 右侧的可视性 ，按键盘上的 Down 键，当前指针跳到第一片段的末端，调整"位置"的数值，自动添加第二个位置关键帧，如图 1-71 所示。

步骤 6 拖曳时间线指针，查看第一片段的动画效果，如图 1-72 所示。

图 1-71　添加关键帧

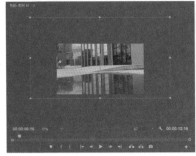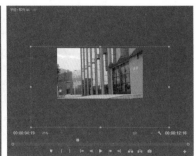

图 1-72　查看动画效果

步骤 7　在时间线窗口中打开视频轨道 V2 右侧的可视性，拖曳当前指针到第二片段的首端，选择第二片段，在"效果控件"面板中调整"不透明度"的数值为 0，拖曳当前指针到第一片段的末端，调整"不透明度"的数值为 100%，创建淡入动画效果，如图 1-73 所示。

步骤 8　拖曳当前指针到 7 秒 15 帧，即第三片段的首端，选择第二片段，在"效果控件"面板中单击"不透明度"属性右侧的"添加关键帧"按钮 ，添加一个关键帧，拖曳当前指针到第二片段的末端，调整"不透明度"的数值为 0，创建淡出动画效果，如图 1-74 所示。

图 1-73　设置关键帧

步骤 9　在时间线窗口中选择第三片段，在"效果控件"面板中拖曳当前指针到起点，添加"缩放"关键帧，拖曳当前指针到该片段的末端，调整"缩放"的数值为 63%，自动添加第二个关键帧，创建缩放动画效果，如图 1-75 所示。

图 1-74　创建不透明度关键帧

图 1-75　创建缩放动画关键帧

步骤 10　拖曳当前指针，查看节目预览效果，如图 1-76 所示。

图 1-76　查看动画效果

实例011 链接和替换素材

案例文件：	工程 / 第 1 章 / 实例 011.prproj		视频教学：	视频 / 第 1 章 / 链接和替换素材 .mp4
难易程度：	★★★★☆	学习时间：	1 分 12 秒	实例要点：	链接脱机素材和替换素材的方法

步骤 1 打开项目文件"实例 011.prproj"，因为素材缺失或者找不到位置而显示脱机状态，如图 1-77 所示。

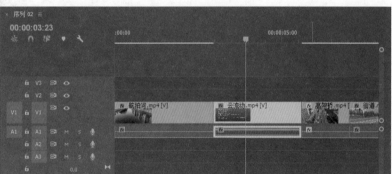

图 1-77 显示脱机状态

步骤 2 素材已经丢失或者修改了名称，在"项目"窗口的该素材缩略图上单击鼠标右键，在弹出的快捷菜单中选择"链接媒体"命令，如图 1-78 所示。

步骤 3 在弹出的"链接媒体"对话框中单击"查找"按钮，如图 1-79 所示。

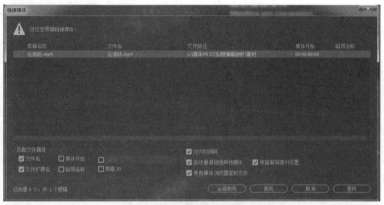

图 1-78 选择命令 　　　　图 1-79 "链接媒体"对话框

步骤 4 在弹出的"查找文件"对话框中选择相应的素材即可，如图 1-80 所示。

步骤 5 单击"确定"按钮，完成了素材的链接，如图 1-81 所示。

步骤 6 在"项目"窗口中导入素材"飞机 .mp4"，选择该素材缩略图，按 Ctrl+C 组合键，在时间线窗口的最后一段街道素材上单击鼠标右键，在弹出的快捷菜单中选择"使用剪辑替换"|"从素材箱"命令，用"飞

图 1-80 选择链接文件

机 .mp4"替换"街道 .mp4"素材,如图 1-82 所示。

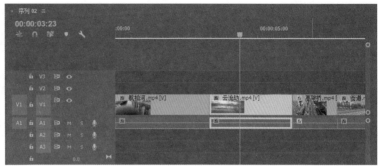

图 1-81 完成媒体链接

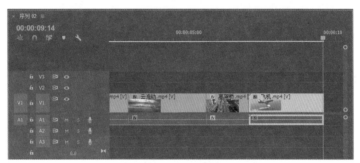

图 1-82 替换素材

实例012 复制素材属性

案例文件:	工程 / 第 1 章 / 实例 012.prproj		视频教学:	视频 / 第 1 章 / 复制素材属性 .mp4
难易程度:	★★★☆☆	学习时间: 2 分 13 秒	实例要点:	复制并粘贴素材属性的方法

步骤 1 打开前面的项目文件"实例 010.prproj",选择主菜单"文件"|"另存为"命令,另存项目为"实例 012.prproj"。

步骤 2 单击第一个片段,选择主菜单"编辑"|"复制"命令,然后单击第二个片段,选择主菜单"编辑"|"粘贴属性"命令,弹出"粘贴属性"对话框,如图 1-83 所示。

步骤 3 单击"确定"按钮,在时间线窗口中拖曳当前指针查看第二个片段的运动效果,如图 1-84 所示。

步骤 4 在"效果控件"面板中查看"位置"属性,具有了与第一个片段的"位置"属性相同的关键帧,这就是复制素材属性的作用,如图 1-85 所示。

步骤 5 在"项目"窗口中导入图片素材"河传 07.jpg",并添加到时间线上,如图 1-86 所示。

图 1-83 "粘贴属性"对话框

图 1-84　查看运动效果

图 1-85　复制运动属性

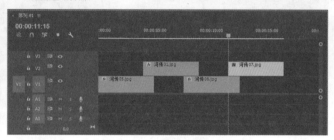

图 1-86　添加素材到时间线

步骤 6　在时间线窗口中单击素材"河传 01.jpg"，按 Ctrl+C 组合键，然后单击图片素材"河传 07.jpg"，按 Ctrl+Alt+V 组合键，弹出"粘贴属性"对话框，勾选全部选项，如图 1-87 所示。

步骤 7　单击"确定"按钮完成属性粘贴，在"效果控件"面板中可以查看完整的关键帧，如图 1-88 所示。

图 1-87　勾选需要粘贴的属性

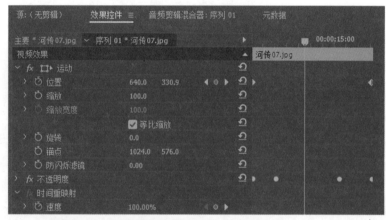

图 1-88　查看粘贴后的关键帧

实例013　嵌套序列

案例文件：	工程 / 第 1 章 / 实例 013.prproj		视频教学：	视频 / 第 1 章 / 嵌套序列 .mp4
难易程度：	★★★★☆	学习时间：	4 分 46 秒	实例要点：	嵌套序列的方法

步骤 1　新建项目文件，命名为"实例 013"，新建一个序列，选择预设"HDV 720p25"。

步骤 2　导入视频素材"竹子 .mp4"并添加到时间线上，如图 1-89 所示。

步骤 3 在时间线窗口的该素材上单击鼠标右键，在弹出的快捷菜单中选择"嵌套"命令，进行重命名，如图 1-90 所示。

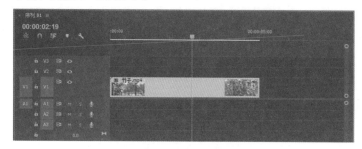

图 1-89　添加素材到时间线

图 1-90　重命名嵌套序列

步骤 4 双击"嵌套竹子"打开该序列的时间线，在时间线窗口中选择素材"竹子 .mp4"，添加"RGB曲线"滤镜，调整曲线形状，改变色调和亮度，如图 1-91 所示。

图 1-91　添加并调整曲线滤镜

步骤 5 导入视频素材"蝴蝶 .mp4"并添加到时间线上，如图 1-92 所示。

图 1-92　添加素材到时间线

步骤 6 在时间线窗口中激活"序列 01"选项卡，在时间线上拖曳素材的长度到完全显示，如图 1-93所示。

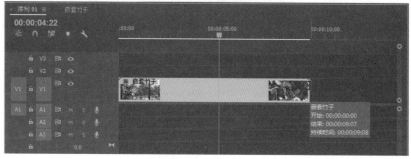

图 1-93　调整素材长度

步骤7 在"项目"窗口中导入素材"树01.mp4"，双击该素材在"源监视器"窗口中打开，按住 Ctrl 键拖曳该素材到时间线上序列的起点，插入素材到第一个片段，如图 1-94 所示。

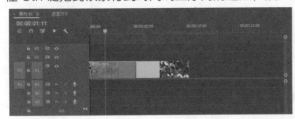

图 1-94　插入素材

步骤8 在时间线窗口中为"嵌套竹子"添加"通道"|"纯色合成"滤镜，在"效果控件"面板中设置滤镜参数，如图 1-95 所示。

步骤9 在"项目"窗口中拖曳"序列 01"到右下角的"新建项"图标■上，创建一个新的序列，重命名为"序列－最终"，如图 1-96 所示。

图 1-95　添加滤镜并设置参数

图 1-96　新建序列

步骤10 在时间线窗口中为"序列 01"添加"变换"|"裁剪"滤镜，设置"顶部"和"底部"参数值分别为 10%，拖曳当前指针查看嵌套序列的预览效果，如图 1-97 所示。

图 1-97　查看嵌套序列的效果

实例014　多机位编辑

案例文件：	工程 / 第 1 章 / 实例 014.prproj			视频教学：	视频 / 第 1 章 / 多机位编辑 .mp4
难易程度：	★★★★☆	学习时间：	5 分 15 秒	实例要点：	进行多机位编辑的技巧

步骤 1 新建一个项目，命名为"实例 014"，新建一个序列，选择预设"HDV 720p25"。

步骤 2 导入多个视频素材分布在多个轨道上，如图 1-98 所示。

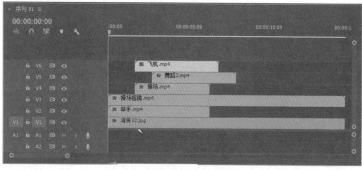

图 1-98 导入多轨素材

步骤 3 在时间线窗口中框选全部素材，选择主菜单"剪辑"|"嵌套"命令，弹出"嵌套序列名称"对话框，单击"确定"按钮，创建嵌套序列，如图 1-99 所示。

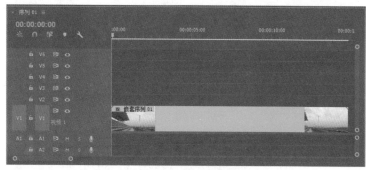

图 1-99 创建嵌套序列

步骤 4 选择"嵌套序列 01"，选择主菜单"剪辑"|"多机位"|"启用"命令，如图 1-100 所示。

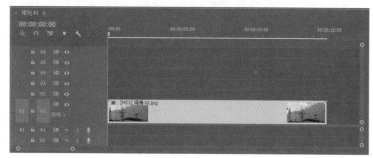

图 1-100 启用多机位

步骤 5 单击"节目监视器"窗口底部的按钮，打开按钮编辑器，如图 1-101 所示。

步骤 6 拖曳"多机位录制开关"和"切换多机位视图"图标到"节目预览"窗口底部，如图 1-102 所示。

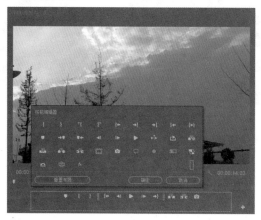

图 1-101 打开按钮编辑器

图 1-102 添加按钮

步骤7 单击"切换多机位视图"按钮 ，在"节目监视器"窗口中显示多轨道的素材，如图 1-103 所示。

步骤8 将当前指针拖曳到时间线的起点，单击"多机位录制开关" ，单击播放安钮 开始播放时间线。在 1 秒时按下键盘上的 2 键，切换到 V2 轨道，如图 1-104 所示。

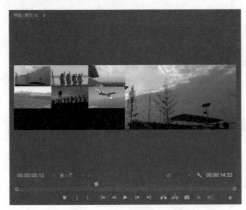
图 1-103 多机位视图

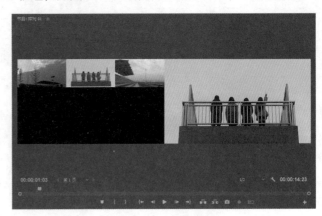
图 1-104 切换轨道

步骤9 在切换的时间点将片段分开，如图 1-105 所示。

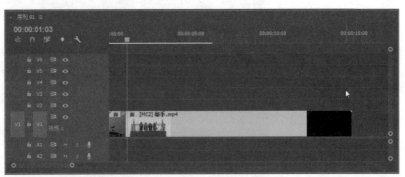
图 1-105 分割素材

步骤10 继续播放，在合适的时间按下键盘上的 6 键，切换到 V6 轨道的素材，如图 1-106 所示。

步骤11 继续播放，连续切换到 V4、V5、V3 和 V1 轨道，直到播放到片段的末端，如图 1-107 所示。

步骤12 单击"切换多机位视图"按钮 ，关闭多机位视图，将当前指针拖曳到序列的起点开始播放，这时节目的内容就是刚才多机位切换的内容，如图 1-108 所示。

图 1-106 切换轨道

 提示

如果切换的轨道长度或内容不合适，可以调整每个片段的长度，也可以调整切换的轨道顺序，只需选择需要调整的片段，在"剪辑" | "多机位"菜单中重新选择正确的机位即可。

图 1-107 完成多轨道切换

图 1-108 查看多机位效果

实例015 预览和输出影片

案例文件：	工程 / 第 1 章 / 实例 015.prproj			视频教学：	视频 / 第 1 章 / 预览和输出影片 .mp4
难易程度：	★★★☆☆	学习时间：	2 分 17 秒	实例要点：	影片预览和输出的设置

步骤 1 打开项目文件"实例 014.prproj"，选择主菜单"文件"|"另存为"命令，另存为"实例 015.prproj"。

步骤 2 将时间线指针拖曳到序列的起点，在"节目监视器"窗口底部单击按钮❚设置入点，拖曳时间线到片段的尾端，单击按钮❚设置出点，如图 1-109 所示。

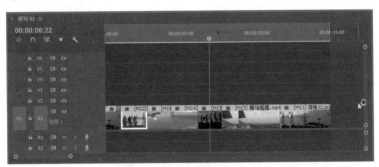

图 1-109 设置入点和出点

步骤 3 单击按钮▶❚，进行出入点之间的节目预览。

提示　　如果在"节目监视器"窗口底部找不到这个按钮，单击➕按钮，然后从弹出的按钮编辑器中拖曳▶❚到"节目监视器"窗口底部即可。

步骤 4 选择主菜单"文件"|"导出"|"媒体"命令，弹出"导出设置"对话框，在对话框的右侧可以设置输出文件的格式、地址和名称等，如图 1-110 所示。

步骤 5 单击"导出"按钮，开始运算，如图 1-111 所示。

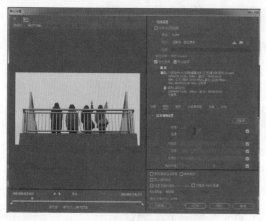

图 1-110　"导出设置"对话框

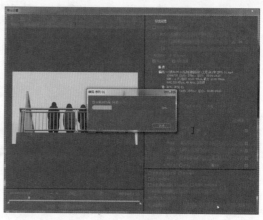

图 1-111　导出媒体运算

 提示

　　NVIDIA 与 Adobe 通过视觉计算合力改造思想与信息的表达方式。从丰富的平面图像、视频以及电影到各种媒介的动感数字内容，创造这些视觉信息以及与之互动的所有人现在可以尽情享受由 NVIDIA GPU 加速的 Adobe 解决方案。在 Premiere Pro CC 2017 中，可以通过项目设置激活"渲染程序"Mercury Playback Engine GPU 加速（CUDA）项，然后在"首选项"的"回放"设置面板中勾选"Adobe 显示器 1：1920×1080"和"Adobe 显示器 2：1920×1080"，就可以在电脑的双显示器中直接显示节目预览效果，如图 1-112 所示。

图 1-112　由 NVIDIA GPU 加速的 Adobe 解决方案

第 2 章

 视频滤镜应用

Adobe Premiere Pro CC 2017 不仅自带了丰富的视频效果滤镜，还支持多种非常酷炫和高效的插件。本章实例主要运用了"效果"面板中常用的滤镜，可以通过关键帧的设置来创建动态效果，无限扩展了剪辑师的创意空间，还有很多插件包含了多种效果预设，这无疑大大提高了影视后期的工作效率。熟练地掌握并运用丰富的滤镜是制作影视入门和创作水平不断提升的前提。

本章重点

■视频翻转效果 　　　■视频颜色平衡校正 　　■边角固定效果 　　■实拍素材稳定
■替换画面中的色彩 　■水墨画效果 　　　　　■单色保留效果 　　■镜头光晕效果
■辉光效果 　　　　　■浮雕效果 　　　　　　■3D 空间效果 　　■光工厂插件
■皮肤润饰效果 　　　■模拟雨雪效果

实例016　视频翻转效果

案例文件：	工程 / 第 2 章 / 实例 016.prproj		视频教学：	视频 / 第 2 章 / 视频翻转效果 .mp4
难易程度：	★★★☆☆	学习时间：3 分 19 秒	实例要点：	非等比缩放和水平翻转滤镜

本实例的最终效果如图 2-1 所示。

图 2-1　视频翻转效果

步骤 1 　运行 Premiere Pro CC 2017，在欢迎界面中单击"新建项目"按钮，在"新建项目"对话框中选择项目的保存路径，对项目进行命名，单击"确定"按钮。

步骤 2 　按 Ctrl+N 组合键，弹出"新建序列"对话框，在"序列预设"选项卡下的"可用预设"栏中选择"HDV 720p25"选项，对"序列名称"进行设置，单击"确定"按钮。

步骤 3 　进入操作界面，在"项目"窗口中导入素材"河传 05.jpg"和"云流动 .mp4"，如图 2-2 所示。

步骤 4 　将图片素材"河传 05.jpg"拖至时间线窗口的 V1 轨道中，将视频素材"云流动 .mp4"拖至时间线窗口的 V2 轨道中，如图 2-3 所示。

步骤 5 　在时间线窗口中选择"河传 05.jpg"，激活"效果控件"面板，在"运动"区域中设置"缩放"的数值为 63%，如图 2-4 所示。

图 2-2　导入素材

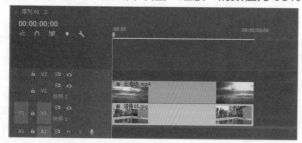

图 2-3　将素材拖入时间线窗口

图 2-4　设置素材缩放比例

步骤 6 　在时间线窗口中选择"云流动 .mp4"，激活"效果控件"面板，在"运动"选项栏中取消勾选"等比缩放"复选框，设置"位置"和"缩放"的数值，如图 2-5 所示。

图 2-5　设置位置和缩放

步骤 7 　在 V2 轨道中为素材"云流动 .mp4"添加"垂直翻转"滤镜，如图 2-6 所示。

图 2-6　添加"垂直翻转"滤镜

步骤 8　在"效果控件"面板中设置"混合模式"为"柔光"，单击"钢笔工具" ，在"节目监视器"窗口中参照水面的区域绘制蒙版，如图 2-7 所示。

图 2-7　设置不透明度参数

步骤 9　保存场景，在"节目监视器"窗口中观看效果。

实例 017　视频颜色平衡校正

案例文件：	工程 / 第 2 章 / 实例 017.prproj		视频教学：	视频 / 第 2 章 / 视频颜色平衡校正 .mp4
难易程度：	★★★☆☆	学习时间：　3 分 41 秒	实例要点：	通过调整亮度和对比度增强画面的质量，调整颜色平衡改变色调

本实例的最终效果如图 2-8 所示。

图 2-8　视频颜色平衡校正效果

步骤 1　运行 Premiere Pro CC 2017，新建项目，命名为"实例 017.prproj"，新建一个序列，选择预设"HDV 720p25"。

步骤 2　在"项目"窗口中导入视频"看书女生 .mp4"，并拖曳到时间线的 V1 轨道上，如图 2-9 所示。

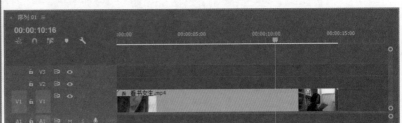

图 2-9　导入素材文件

步骤 3　激活"效果"面板，选择"视频效果"|"颜色校正"|"亮度与对比度"滤镜，将该滤镜拖至时间线窗口中的素材文件上，如图 2-10 所示。

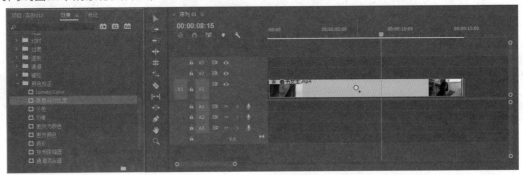

图 2-10　添加视频效果

步骤 4　激活"效果控件"面板，将"亮度与对比度"组中的"亮度"数值设置为 25，"对比度"的数值设置为 10，在"节目监视器"窗口中可以看到效果，如图 2-11 所示。

图 2-11　调整亮度与对比度

步骤 5　在"效果"面板中，将"视频效果"|"颜色校正"|"颜色平衡"滤镜拖至"效果控件"面板中，然后在"效果控件"面板中将"颜色平衡"区域中的"阴影红色平衡"设置为 4，"中间调红色平衡"设置为 5，"中间调绿色平衡"设置为 5，"中间调蓝色平衡"设置为 5，"高光红色平衡"设置为 5，"高光蓝色平衡"设置为 -10，勾选"保持发光度"复选框，如图 2-12 所示。

步骤 6　继续为素材添加"视频效果"|"过时"|"RGB 曲线"滤镜，调整曲线的形状，提高中间色的亮度，如图 2-13 所示。

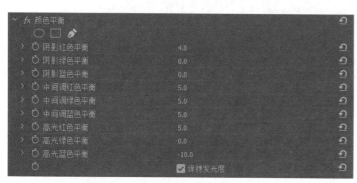

图 2-12　设置"颜色平衡"参数

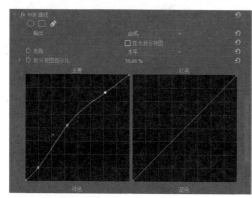

图 2-13　调整曲线

步骤 7　保存场景，在"节目监视器"窗口中观看效果。

实例018　球面化效果

案例文件：	工程 / 第 2 章 / 实例 018.prproj	视频教学：	视频 / 第 2 章 / 球面化效果 .mp4
难易程度：	★★★☆☆　　学习时间：　　2 分 08 秒	实例要点：	应用"球面化"滤镜

本实例的最终效果如图 2-14 所示。

图 2-14　球面化效果

步骤 1　运行 Premiere Pro CC 2017，新建项目，命名为"实例 018.prproj"，新建一个序列，选择预设"HDV 720p25"。

步骤 2　在"项目"窗口中导入视频"绿叶露珠 .mp4"，并拖曳到时间线的 V1 轨道上，如图 2-15 所示。

步骤 3　激活"效果"面板，将"视频效果"|"扭曲"|"球面化"滤镜拖至素材上，在"效果控件"面板中展开"球面化"滤镜参数，设置"半径"为 300，如图 2-16 所示。

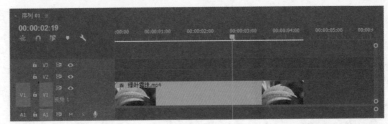

图 2-15　添加素材到时间线

图 2-16　添加滤镜并设置参数

步骤 4　确定当前时间为 00:00:00:00，激活"球面中心"左侧的"动画关键帧记录"按钮，在"节目监视器"窗口中拖曳球面中心的位置，如图 2-17 所示。

图 2-17　设置第一个关键帧

步骤 5　将当前时间设置为 00:00:04:00，拖曳"球面中心"的位置，自动添加第二个关键帧，如图 2-18 所示。

图 2-18　添加第二个关键帧

步骤 6　保存场景，在"节目监视器"窗口中观看效果。

实例019　边角固定效果

案例文件：	工程 / 第 2 章 / 实例 019.prproj	视频教学：	视频 / 第 2 章 / 边角固定效果 .mp4
难易程度：	★★★★☆　学习时间：　2 分 44 秒	实例要点：	通过调整"边角定位"的控制点改变画面的透视，使其与屏幕匹配

本实例的最终效果如图 2-19 所示。

图 2-19　边角固定效果

步骤 1　运行 Premiere Pro CC 2017，新建项目，命名为"实例 019.prproj"，新建一个序列，选择预设"HDV 720p25"。

步骤 2　在"项目"窗口中导入图片素材"河传 05.jpg"，并拖曳到时间线的 V1 轨道上。

步骤 3　在"项目"窗口中导入视频素材"舞蹈 .mp4"，设置入点和出点分别为 00:00:02:00 和 00:00:06:24，拖曳到时间线的 V2 轨道上，如图 2-20 所示。

图 2-20　添加素材到时间线

步骤 4　在时间线上选中素材文件"舞蹈 .mp4"，激活"效果"面板，将"视频效果"|"扭曲"|"边角定位"滤镜拖至素材上。切换到"效果控件"面板，设置"缩放"参数值为 50%，展开"边角定位"滤镜参数，如图 2-21 所示。

步骤 5　在"节目监视器"窗口中分别拖曳 4 个角顶点的位置，与模

图 2-21　添加滤镜

拟大屏幕的 4 个角对齐，同时在"效果控件"面板中参数也发生了变化，如图 2-22 所示。

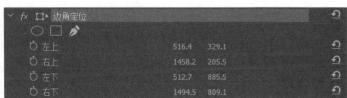

图 2-22　调整滤镜参数

步骤 6　保存场景，在"节目监视器"窗口中观看效果，如图 2-23 所示。

图 2-23　最终效果

实例020　实拍素材稳定

案例文件：	工程 / 第 2 章 / 实例 020.prproj		视频教学：	视频 / 第 2 章 / 实拍素材稳定 .mp4
难易程度：	★★★☆☆	学习时间：　3 分 01 秒	实例要点：	"变形稳定器"滤镜的应用

本实例最终效果如图 2-24 所示。

图 2-24　实拍素材稳定效果

步骤 1　运行 Premiere Pro CC 2017，新建项目，命名为"实例 020.prproj"，新建一个序列，选择预设"HDV 720p25"。

步骤 2　在"项目"窗口中导入实拍视频素材"饭店摇镜 .MOV"，双击该素材并在"源监视器"窗口中打开，设置入点和出点，如图 2-25 所示。

步骤 3　单击"源监视器"窗口底部的"仅拖动视频"按钮，将素材拖至时间线窗口的 V1 轨道中，如图 2-26 所示。

图 2-25　导入素材并设置其出入点　　　　　　图 2-26　拖入素材

步骤 4　选中 V1 轨道中的素材，激活"效果"面板，将"视频效果"|"扭曲"|"变形稳定器"滤镜拖至素材上，如图 2-27 所示。

步骤 5　当添加了"变形稳定器"滤镜后，等待自动运算，如图 2-28 所示。

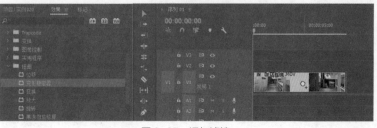

图 2-27　添加滤镜

图 2-28　自动稳定运算

步骤 6　激活"效果控件"面板，查看"变形稳定器"滤镜参数，如图 2-29 所示。

当手持摄像机运动或航拍时容易产生抖动，对素材进行稳定处理是十分必要的。如果使用单反相机拍摄视频横向摇镜时，容易产生一种称为"果冻"的缺陷，可以应用"扭曲"滤镜组中的"果冻效应修复"滤镜进行改善。

提示

图 2-29　查看滤镜参数

步骤 7　保存场景，然后单击"节目监视器"窗口中的播放按钮观看稳定后的效果。

实例021　彩色视频黑白化

案例文件：	工程 / 第 2 章 / 实例 021.prproj		视频教学：	视频 / 第 2 章 / 彩色视频黑白化 .mp4
难易程度：	★★★☆☆	学习时间：	1 分 20 秒	实例要点：	应用"黑白"和"灰度系数校正"滤镜

本实例的最终效果如图 2-30 所示。

图 2-30　彩色视频黑白化效果

步骤 1　运行 Premiere Pro CC 2017，新建项目，命名为"实例 021.prproj"，新建一个序列，选择预设"HDV 720p25"。

步骤 2　在"项目"窗口中导入视频素材"舞蹈 03.mp4"，在时间线窗口的标题栏中关闭 A1，然后拖曳视频素材到时间线的 V1 轨道上，这样就只导入了视频内容，如图 2-31 所示。

步骤 3　将"视频效果"|"图像控制"|"黑白"滤镜拖至素材上，在"节目监视器"窗口中查看效果，如图 2-32 所示。

步骤 4　再为素材添加"灰度系数校正"滤镜，切换到"效果控件"面板，设置"灰度系数"为12，如图 2-33 所示。

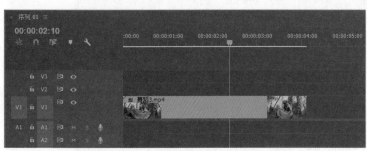

图 2-31　导入素材的视频内容

图 2-32　添加黑白滤镜

图 2-33　添加滤镜并设置参数

步骤 5　保存场景，在"节目监视器"窗口中观看效果。

实例022　替换画面中的色彩

案例文件：	工程 / 第 2 章 / 实例 022.prproj		视频教学：	视频 / 第 2 章 / 替换画面中的色彩 .mp4
难易程度：	★★★☆☆	学习时间：	2 分 08 秒	实例要点：	颜色替换和滤镜蒙版的应用

本实例的最终效果如图 2-34 所示。

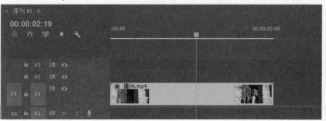

图 2-34　替换画面中的色彩效果

步骤 1　运行 Premiere Pro CC 2017，新建项目，命名为"实例 022.prproj"，新建一个序列，选择预设"HDV 720p25"。

步骤 2　在"项目"窗口中导入视频素材"倩 04.mp4"，在时间线窗口的标题栏中关闭 A1，然后拖曳视频素材到时间线的 V1 轨道上，这样就只导入了视频内容，如图 2-35 所示。

步骤 3　在时间线窗口的 V1 轨道中选择素材，激活"效果"面板，将"视频效果"|"图像控制"|"颜色替换"滤镜拖至素材上，在"效果控件"面板中查看该滤镜的控制选项，如图 2-36 所示。

图 2-35　添加素材到时间线

步骤 4 设置"颜色替换"滤镜参数，单击"目标颜色"右侧的吸管工具，在"节目监视器"窗口中吸取头饰上的红色，如图 2-37 所示。

步骤 5 单击"替换颜色"的蓝色块，重新设置颜色，如图 2-38 所示。

图 2-36 添加颜色替换滤镜

步骤 6 调整"相似性"的数值，尽可能完整地替换头饰的红色而又不能影响其他区域的颜色，如图 2-39 所示。

图 2-37 吸取目标颜色

图 2-38 设置替换颜色

图 2-39 调整滤镜参数

步骤 7 保存场景，在"节目监视器"窗口中观看效果。

实例023 水墨画效果

案例文件：	工程 / 第 2 章 / 实例 023.prproj		视频教学：	视频 / 第 2 章 / 水墨画效果 .mp4
难易程度：	★★★★☆	学习时间： 2 分 58 秒	实例要点：	"查找边缘""高斯模糊"和"色阶"滤镜以及混合模式的应用

本实例的最终效果如图 2-40 所示。

步骤 1 运行 Premiere Pro CC 2017，新建项目，命名为"实例 023.prproj"，新建一个序列，选择预设"HDV 720p25"。

图 2-40 水墨画效果

步骤 2 在"项目"窗口中导入视频素材"雪山流水 .mp4"并拖曳到时间线的 V1 轨道上，如图 2-41 所示。

步骤 3 激活"效果"面板，选择"视频效果"|"图像控制"|"黑白"滤镜，将其拖至"效果控件"面板中，为画面去色，如图 2-42 所示。

图 2-41 添加素材到时间线

图 2-42 添加黑白滤镜

步骤 4 为素材添加"风格化"选项下的"查找边缘"滤镜，在"效果控件"面板中将"与原始图像混合"设置为30%，如图 2-43 所示。

图 2-43 设置查找边缘滤镜参数

步骤 5 为素材添加"高斯模糊"滤镜，在"效果控件"面板中将"高斯模糊"栏中的"模糊度"设置为 10，如图 2-44所示。

图 2-44 设置高斯模糊滤镜

步骤 6 为素材添加"调整"|"色阶"滤镜，在"效果控件"面板中单击"色阶"右侧的"设置"按钮，在弹出的对话框中调整"输入色阶"和"输出色阶"，减少画面的细节，如图 2-45 所示。

图 2-45 设置色阶滤镜参数

步骤7 为素材添加"杂色与颗粒"|"中间值"滤镜，在"效果控件"面板中设置"半径"的数值为6，如图2-46所示。

步骤8 为V1轨道上的素材添加"通道"|"纯色合成"滤镜，在"效果空间"面板中设置"混合模式"为"强光"、"颜色"为浅黄色，如图2-47所示。

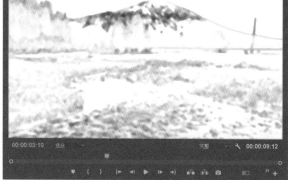

图2-46　设置中间值滤镜参数　　　　　　　　　　图2-47　设置纯色合成滤镜参数

实例024　渐变色效果

案例文件：	工程 / 第 2 章 / 实例 024.prproj		视频教学：	视频 / 第 2 章 / 渐变色效果 .mp4
难易程度：	★★★☆☆	学习时间：	2 分 29 秒	实例要点：	"渐变"滤镜的应用

本实例的最终效果如图2-48所示。

图2-48　设置渐变色效果

步骤1 运行 Premiere Pro CC 2017，新建项目，命名为"实例 024.prproj"，新建一个序列，选择预设"HDV 720p25"。

步骤2 在"项目"窗口中导入实拍素材"举手.mp4"，双击并在"源监视器"窗口中查看素材内容，设置入点为 1 秒 05 帧，然后拖曳该素材到时间线的 V1 轨道上，如图2-49所示。

步骤3 在"项目"窗口中单击鼠标右键，在弹出的快捷菜单中选择"新建项目"|"颜色遮罩"命令，弹出"新建彩色蒙版"对话框，单击"确定"按钮，弹出"拾色器"对话框，设置颜色，依次单击"确定"按钮即可，如图2-50所示。

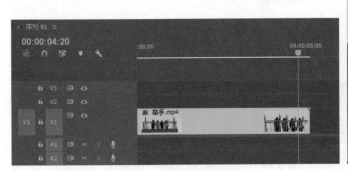

图 2-49 添加素材到时间线

图 2-50 设置彩色蒙版

步骤 4 从"项目"窗口中将青色的"颜色遮罩"拖至时间线窗口的 V2 轨道中，激活"效果"面板，将"视频效果" | "生成" | "渐变"滤镜拖至素材上，接受默认值并查看预览效果，如图 2-51 所示。

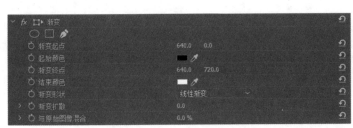

图 2-51 添加渐变滤镜

步骤 5 在"效果控件"面板中选择"混合模式"为"叠加"，然后设置"渐变"滤镜的相应参数，如图 2-52 所示。

图 2-52 设置滤镜参数

步骤 6 保存场景，在"节目监视器"窗口中观看效果。

实例025 调整阴影高光

案例文件：	工程 / 第 2 章 / 实例 025.prproj			视频教学：	视频 / 第 2 章 / 调整阴影高光 .mp4
难易程度：	★★★☆☆	学习时间：	1 分 34 秒	实例要点：	"阴影 / 高光"滤镜的应用

本实例的最终效果如图 2-53 所示。

图 2-53 调整阴影高光效果

步骤 1 运行 Premiere Pro CC 2017，新建项目，命名为"实例 025.prproj"，新建一个序列，选择预设"HDV 720p25"。

步骤 2 在"项目"窗口中导入实拍素材"餐桌摇镜 .mp4"并拖曳到时间线的 V1 轨道上，如图 2-54 所示。

步骤 3 激活"效果"面板，为素材添加 Obsolete 组中的"阴影／高光"滤镜，激活"效果控件"面板，在"阴影／高光"选项下取消勾选"自动数量"复选框，设置"阴影数量"为 20，"高光数量"为 15，如图 2-55 所示。

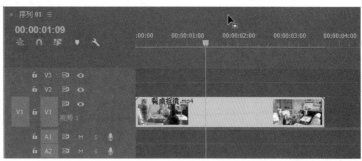

图 2-54 导入素材到时间线

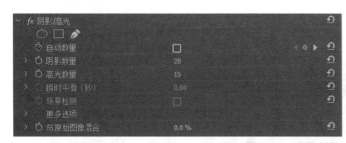

图 2-55 设置滤镜参数

步骤 4 展开"更多选项"栏，设置"中间调对比度"为 20，如图 2-56 所示。

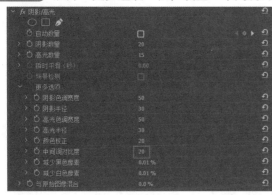

图 2-56 设置滤镜参数

步骤 5 保存场景，在"节目监视器"窗口中观看效果。

实例026 单色保留效果

案例文件：	工程 / 第 2 章 / 实例 026.prproj		视频教学：	视频 / 第 2 章 / 单色保留效果 .mp4
难易程度：	★ ★ ★ ☆ ☆	学习时间：	1 分 22 秒	实例要点："分色"滤镜的应用

本实例的最终效果如图 2-57 所示。

图 2-57　单色保留效果

步骤 1　运行 Premiere Pro CC 2017，新建项目，命名为"实例 026.prproj"，新建一个序列，选择预设"HDV 720p25"。

步骤 2　在"项目"窗口中导入视频素材"洗菜 2.mp4"并拖曳到时间线的 V1 轨道上，如图 2-58 所示。

步骤 3　激活"效果"面板，为 V1 轨道上的素材添加"颜色校正"组中的"分色"滤镜。切换到"效果控件"面板，选择匹配颜色为使用色相，单击"吸管工具"，在"节目监视器"窗口中的红色区域单击吸取红色，如图 2-59 所示。

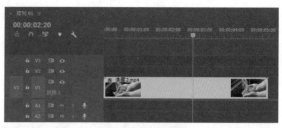

图 2-58　导入素材

图 2-59　吸取特定颜色

步骤 4　设置"分色"栏中的"容差"数值为 12%，"边缘柔和度"值为 10%，"脱色量"为 100%，如图 2-60 所示。

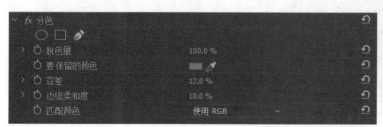

图 2-60　设置滤镜参数

步骤 5　保存场景，在"节目监视器"窗口中观看效果。

实例027　镜像倒影效果

案例文件：	工程 / 第 2 章 / 实例 027.prproj		视频教学：	视频 / 第 2 章 / 镜像倒影效果 .mp4
难易程度：	★★★☆☆	学习时间： 3 分 57 秒	实例要点：	镜像、线性擦除和混合模式的应用

本实例的最终效果如图 2-61 所示。

图 2-61　镜像倒影效果

步骤 1　运行 Premiere Pro CC 2017，新建项目，命名为"实例 027.prproj"，新建一个序列，选择预设"HDV 720p25"。

步骤 2　在"项目"窗口中导入图片素材"河传 09.jpg"，并拖曳到时间线的 V1 轨道上，激活"效果控件"面板，在"运动"区域中调整"位置"和"缩放"的参数，如图 2-62 所示。

图 2-62　调整运动参数

步骤 3　在时间线窗口的素材上单击鼠标右键，在弹出的快捷菜单中选择"嵌套"命令，在弹出的"嵌套"对话框中直接单击"确定"按钮关闭对话框执行嵌套，如图 2-63 所示。

步骤 4　选择嵌套素材，为其添加"扭曲"组中的"镜像"滤镜，在"镜像"区域中将"反射中心"设置为 (1280，548)，"反射角度"设置为 90，如图 2-64 所示。

图 2-63　嵌套序列

步骤 5　将图片素材"水面 .jpg"导入到"项目"窗口并拖至时间线窗口的 V2 轨道中，激活"效果控件"面板，在"运动"区域中调整"位置"和"缩放"参数，将"不透明度"设置为 50%，选择混合模式为"滤色"，如图 2-65 所示。

步骤 6　激活"效果"面板，为素材"水面 .jpg"添加"过渡"组中的"线性擦除"滤镜，在"效果控件"面板中设置滤镜参数，如图 2-66 所示。

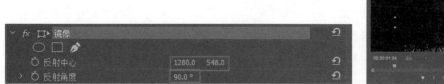

图 2-64　设置"镜像"滤镜参数

图 2-65　调整运动和不透明参数

图 2-66　设置滤镜参数

步骤 7　选择 V1 轨道中的嵌套素材，为其添加"过渡"组中的"线性擦除"滤镜，在"效果控件"面板中设置滤镜参数，如图 2-67 所示。

图 2-67　设置滤镜参数

步骤 8　保存场景，在"节目监视器"窗口中观看效果。

实例028　影片重影效果

案例文件：	工程 / 第 2 章 / 实例 028.prproj		视频教学：	视频 / 第 2 章 / 影片重影效果 .mp4
难易程度：	★★★☆☆	学习时间：　1 分 25 秒	实例要点：	"残像"滤镜的应用

本实例的最终效果如图 2-68 所示。

图 2-68　影片重影效果

步骤 1　运行 Premiere Pro CC 2017，新建项目，命名为"实例 028.prproj"，新建一个序列，选择预设"HDV 720p25"。

步骤 2　在"项目"窗口中导入视频素材"飞机 .mp4"并拖曳到时间线的 V1 轨道上，如图 2-69 所示。

步骤 3　激活"效果"面板，将"视频效果"|"时间"|"残影"滤镜拖至素材上，查看滤镜默认的参数设置，如图 2-70 所示。

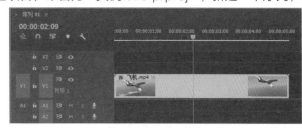

图 2-69　导入素材

图 2-70　添加滤镜

步骤 4　在"效果控件"面板中调整"残影"滤镜的参数，如图 2-71 所示。

图 2-71　调整滤镜参数

步骤 5　保存场景，在"节目监视器"窗口中观看效果。

实例029 镜头光晕效果

案例文件：	工程 / 第 2 章 / 实例 029.prproj		视频教学：	视频 / 第 2 章 / 镜头光晕效果 .mp4
难易程度：	★★★☆☆	学习时间： 2 分 28 秒	实例要点：	"色阶"和"镜头光晕"滤镜的应用

本实例的最终效果如图 2-72 所示。

图 2-72　镜头光晕效果

步骤 1　运行 Premiere Pro CC 2017，新建项目，命名为"实例 029.prproj"，新建一个序列，选择预设"HDV 720p25"。

步骤 2　在"项目"窗口中导入视频素材"舞蹈 .mp4"并拖曳到时间线的 V1 轨道上，如图 2-73 所示。

步骤 3　在"效果控件"面板中调整"缩放"的数值为 68%，查看节目预览效果，如图 2-74 所示。

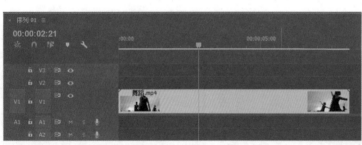

图 2-73　导入素材　　　　　　图 2-74　调整画面大小

步骤 4　添加视频效果"调整"组中的"色阶"滤镜，在"效果控件"面板中单击"设置"按钮，在弹出的对话框中调整输入点，如图 2-75 所示。

图 2-75　调整色阶

步骤 5　添加"生成"组中的"镜头光晕"滤镜，如图 2-76 所示。

图 2-76　添加镜头光晕滤镜

步骤 6 拖曳当前指针到序列的起点，在"效果控件"面板中选择"镜头光晕"，激活"光晕中心"的关键帧，在"节目监视器"窗口中调整光晕中心的位置，如图 2-77 所示。

步骤 7 拖曳当前指针到 3 秒，在"节目监视器"窗口中调整光晕中心的位置，如图 2-78 所示。

图 2-77　设置第 1 个关键帧

图 2-78　设置第 2 个关键帧

步骤 8 保存场景，在"节目监视器"窗口中观看效果。

实例030　闪电效果

案例文件：	工程 / 第 2 章 / 实例 030.prproj		视频教学：	视频 / 第 2 章 / 闪电效果 .mp4
难易程度：	★★★★☆	学习时间：　5 分 31 秒	实例要点：	"光照效果"和"闪电"滤镜应用，不透明度变化创建闪烁

本实例的最终效果如图 2-79 所示。

图 2-79　制作闪电效果

步骤 1 运行 Premiere Pro CC 2017，新建项目，命名为"实例 030.prproj"，新建一个序列，选择预设"HDV 720p25"。

步骤 2 在"项目"窗口中导入图片素材"河传 06.jpg"并拖曳到时间线的 V1 轨道上，如图 2-80 所示。

步骤 3　激活"效果控件"面板，调整"缩放"参数为 63%，查看节目预览效果，如图 2-81 所示。

图 2-80　导入素材

图 2-81　调整画面大小

步骤 4　激活"效果"面板，添加"调整"组中的"光照效果"滤镜，在"效果控件"面板中设置"角度"参数，在"节目监视器"窗口中调整光照的位置和大小，如图 2-82 所示。

图 2-82　调整光照滤镜

步骤 5　拖曳当前指针到 10 帧，激活"光照 1"的"强度"和"环境光照强度"的关键帧，然后拖曳当前指针到序列的起点，调整这两个强度数值均为 10，如图 2-83 所示。

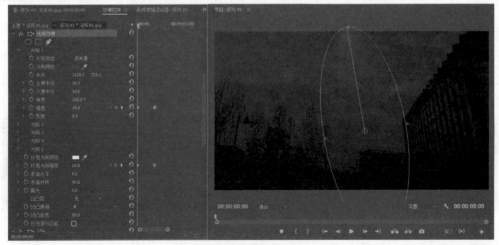

图 2-83　创建光照关键帧

步骤 6　将"视频效果" I "生成" I "闪电"滤镜拖至素材上，在"效果控件"面板中设置"闪电"滤镜参数，在"节目监视器"窗口中调整起点和终点的位置，如图 2-84 所示。

图 2-84　设置闪电滤镜参数

步骤 7　拖曳当前指针到第 10 帧，激活"宽度"的关键帧，拖曳当前指针到序列的起点，调整"宽度"数值为 1，创建另一个关键帧。

步骤 8　激活"结束点"的关键帧，在"节目监视器"窗口中调整结束点的位置，拖曳当前指针分别到 2 秒、3 秒 17 帧和 4 秒 24 帧，分别调整结束点的位置创建闪电位置变化的路径，如图 2-85 所示。

步骤 9　保存场景，在"节目监视器"窗口中观看效果。

图 2-85　设置闪电关键帧

实例031　模拟波纹效果

案例文件：	工程 / 第 2 章 / 实例 031.prproj		视频教学：	视频 / 第 2 章 / 模拟波纹效果 .mp4
难易程度：	★★★☆☆	学习时间：　2 分 24 秒	实例要点	"波形变形"滤镜和蒙版应用创建局部波纹效果

本实例的最终效果如图 2-86 所示。

图 2-86　模拟波纹效果

步骤 1　运行 Premiere Pro CC 2017，新建项目，命名为"实例 031.prproj"，新建一个序列，选择预设"HDV 720p25"。

步骤 2　在"项目"窗口中导入图片素材"河传 05.jpg"并拖曳到时间线的 V1 轨道上，如图 2-87 所示。

步骤 3　激活"效果控件"面板，调整"缩放"的数值为 63%，查看节目预览效果，如图 2-88所示。

图 2-87　导入素材

图 2-88　调整画面大小

步骤 4　为该素材文件添加"扭曲"组中的"波形变形"滤镜，查看滤镜默认设置和预览效果，如图 2-89 所示。

步骤 5　激活"效果控件"面板，单击"钢笔工具" ，在"节目监视器"窗口中参照水面区域绘制蒙版，如图 2-90 所示。

图 2-89　添加波形变形滤镜

图 2-90　绘制蒙版

步骤 6　在"效果控件"面板中调整"波形变形"滤镜的参数，如图 2-91 所示。

图 2-91　调整滤镜参数

步骤 7 保存场景，在"节目监视器"窗口中观看效果。

实例032 辉光效果

案例文件：	工程 / 第 2 章 / 实例 032.prproj		视频教学：	视频 / 第 2 章 / 辉光效果 .mp4
难易程度：	★★★☆☆	学习时间：	2 分 38 秒	实例要点：	应用"Alpha 发光"滤镜

本实例的最终效果如图 2-92 所示。

图 2-92　辉光效果

步骤 1 运行 Premiere Pro CC 2017，新建项目，命名为"实例 032.prproj"，新建一个序列，选择预设"HDV 720p25"。

步骤 2 在"项目"窗口中导入序列图片素材"飞龙 0040.tga"，如图 2-93 所示。

步骤 3 将该序列图片素材拖至时间线窗口的 V2 轨道中，如图 2-94 所示。

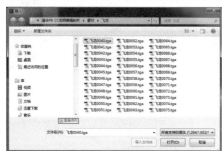

图 2-93　导入序列图片

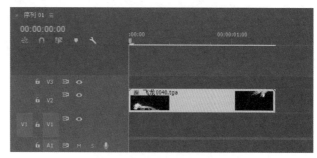

图 2-94　添加素材到时间线

步骤 4 在"项目"窗口中导入图片素材"天空 01.jpg"并拖曳至时间线窗口的 V1 轨道上，长度与序列图片素材一致，如图 2-95 所示。

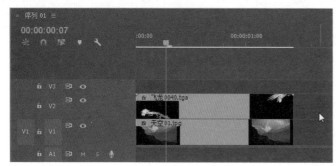 

图 2-95　再次添加素材到时间线

 提示

因为序列图片素材具有 Alpha 通道，所以能直接显示背景的内容。

步骤 5 在时间线上选择 V2 轨道上的素材，为其添加"风格化"组中的"Alpha 发光"滤镜，查看预览效果，如图 2-96 所示。

图 2-96 添加发光滤镜

步骤 6 在"效果控件"面板中，设置"Alpha 发光"栏中的"发光"数值为 30，设置"起始颜色"和"结束颜色"为黄色和橙色，勾选"使用结束颜色"复选框，如图 2-97 所示。

图 2-97 设置滤镜参数

步骤 7 展开"不透明度"选项栏，选择"混合模式"为"变亮"，如图 2-98 所示。

图 2-98 设置混合模式

步骤 8 保存场景，在"节目监视器"窗口中观看效果。

实例033 马赛克效果

案例文件：	工程 / 第 2 章 / 实例 033.prproj			视频教学：	视频 / 第 2 章 / 马赛克效果 .mp4
难易程度：	★★★☆☆	学习时间：	2 分 53 秒	实例要点：	应用"马赛克"和滤镜蒙版创建局部马赛克效果

本实例的最终效果如图 2-99 所示。

图 2-99 马赛克效果

步骤 1 运行 Premiere Pro CC 2017，新建项目，命名为"实例 033.prproj"，新建一个序列，选择预设"HDV 720p25"。

步骤 2 在"项目"窗口中导入视频素材"遗迹 .mp4"并拖曳到时间线的 V1 轨道上，如图 2-100 所示。

步骤 3 选中 V1 轨道中的素材，在"效果控件"面板中设置"缩放"的参数值为 150%，查看节目预览效果，如图 2-101 所示。

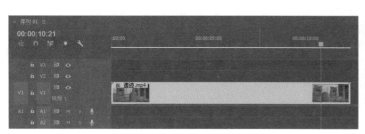

图 2-100 导入素材

图 2-101 放大素材画面

步骤 4 打开"效果"面板，为该素材添加"风格化"组中的"马赛克"滤镜，在"效果控件"面板中将"马赛克"栏中的"水平块"和"垂直块"的数值均设置为 60，如图 2-102 所示。

步骤 5 在"效果控件"面板中，选择"马赛克"滤镜栏中的"钢笔蒙版工具" 🖊，添加自由蒙版，并设置羽化参数，如图 2-103 所示。

图 2-102 添加滤镜并设置参数

图 2-103 设置遮罩参数

步骤6 拖曳当前指针到素材的起点，激活"蒙版路径"关键帧，然后分别在 5 秒和素材的末端调整蒙版的位置创建关键帧，如图 2-104 所示。

步骤7 保存场景，在"节目监视器"窗口中观看效果。

图 2-104　创建蒙版路径关键帧

实例034 浮雕效果

案例文件：	工程 / 第 2 章 / 实例 034.prproj		视频教学：	视频 / 第 2 章 / 浮雕效果 .mp4
难易程度：	★★★☆☆	学习时间：　1 分 51 秒	实例要点：	"查找边缘""色阶"和"浮雕"滤镜的应用

本实例的最终效果如图 2-105 所示。

图 2-105　画面浮雕效果

步骤1 运行 Premiere Pro CC 2017，新建项目，命名为"实例 034.prproj"，新建一个序列，选择预设"HDV 720p25"。

步骤2 在"项目"窗口中导入视频素材"罗马柱 .mp4"并拖曳到时间线的 V1 轨道上，如图 2-106 所示。

步骤3 为素材文件添加"风格化"组中的"查找边缘"滤镜，查看节目预览效果，如图 2-107 所示。

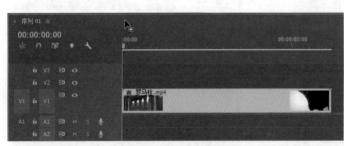

图 2-106　导入素材　　　　图 2-107　添加"查找边缘"滤镜

步骤4 为素材文件添加"调整"组中的"色阶"滤镜，在"效果控件"面板中单击"设置"按钮，调整输入色阶的小滑块，提高亮度和对比度，如图 2-108 所示。

步骤5 为素材文件添加"风格化"组中的"浮雕"滤镜，接受默认值，查看节目预览效果，如图 2-109 所示。

步骤6 保存场景，在"节目监视器"窗口中观看效果。

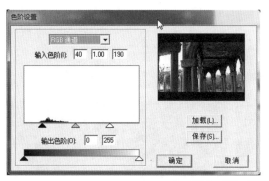
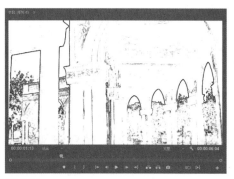

图 2-108　调整色阶滑块

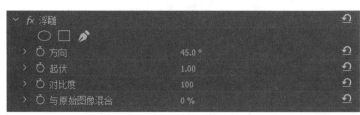

图 2-109　添加"浮雕"滤镜

实例035　阴影效果

案例文件：	工程 / 第 2 章 / 实例 035.prproj		视频教学：	视频 / 第 2 章 / 阴影效果 .mp4
难易程度：	★★★☆☆	学习时间：3 分 55 秒	实例要点：	导入分层文件和应用"投影"滤镜

本实例的最终效果如图 2-110 所示。

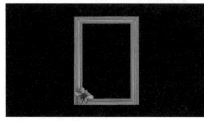

图 2-110　阴影效果

步骤1　运行 Premiere Pro CC 2017，新建项目，命名为"实例 035.prproj"，新建一个序列，选择预设"HDV 720p25"。

步骤2　在"项目"窗口中导入分层图片素材"相框 .psd"，在弹出的对话框中选择"图层 1"，如图 2-111 所示。

步骤3　单击"确定"按钮，然后将该素材拖曳到时间线窗口的 V3 轨道上，如图 2-112 所示。

步骤4　在"项目"窗口中导入图片素材"五指山 01.jpg"并拖曳到时间线窗口的 V2 轨道上，如图 2-113 所示。

图 2-111　导入分层素材

步骤5 在时间线窗口中选择 V2 轨道上的图片素材，在"效果控件"面板中调整"运动"栏中的"缩放"参数值为 40%，查看节目预览效果，如图 2-114 所示。

图 2-112 在时间线上添加素材

图 2-113 添加素材到时间线

图 2-114 调整画面大小

步骤6 在"项目"窗口的底部单击"新建项"按钮，从弹出的菜单中选择"颜色遮罩"命令，创建一个灰白色背景，颜色值为（R217、G217、B217），如图 2-115 所示。

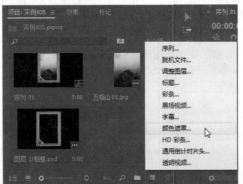

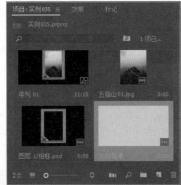

图 2-115 新建颜色遮罩

步骤7 将"灰白背景"拖曳到时间线窗口的 V1 轨道上，添加"生成"组中的"渐变"滤镜，设置颜色参数，如图 2-116 所示。

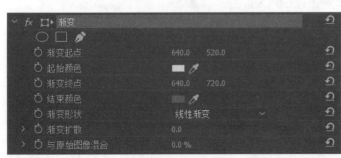

图 2-116 设置"渐变"滤镜参数

步骤8 选择时间线窗口中 V3 轨道上的素材"相框"，添加"透视"组中的"投影"滤镜，激活"效果控件"面板，调整"投影"滤镜参数，如图 2-117 所示。

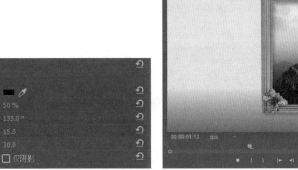

图 2-117　添加滤镜并设置参数

步骤 9　保存场景，在"节目监视器"窗口中观看效果。

实例036　3D 空间效果

案例文件：	工程 / 第 2 章 / 实例 036.prproj			视频教学：	视频 / 第 2 章 /3D 空间效果 .mp4
难易程度：	★★★★☆	学习时间：	8 分 09 秒	实例要点：	应用"网格""基本 3D"和"投影"滤镜

本实例的最终效果如图 2-118 所示。

步骤 1　运行 Premiere Pro CC 2017，新建项目，命名为"实例 036.prproj"，新建一个序列，选择预设"HDV 720p25"。

步骤 2　在"项目"窗口的空白处单击鼠标右键，在弹出的快捷菜单中选择"新建项目"|"颜色遮罩"命令，弹出"新建颜色遮罩"对话框，单击"确定"按钮。弹出"拾色器"对话框，将颜色设置为灰白色，单击"确定"按钮，在弹出的"选择名称"对话框中将"选择用于新建蒙版的名称"设置为"灰白背景01"，单击"确定"按钮，如图 2-119 所示。

图 2-118　3D 空间效果

图 2-119　新建颜色遮罩

步骤 3　在"项目"窗口中复制"灰白背景 01"，重命名为"灰白背景 02"，拖曳到 V2 轨道中，如图 2-120 所示。

步骤 4　选择 V2 轨道中的"灰白背景 02"，添加"生成"组中的"网格"滤镜，在"效果控件"面板中设置"颜色"为灰色，颜色值为（R178、G178、B178），如图 2-121 所示。

步骤 5　添加"渐变"滤镜，在"效果控件"面板中设置滤镜参数，如图 2-122 所示。

步骤 6　添加"透视"组中的"基本 3D"滤镜，在"效果控件"面板中设置滤镜参数，如图 2-123 所示。

图 2-120　添加颜色遮罩到时间线

图 2-121　设置网格参数

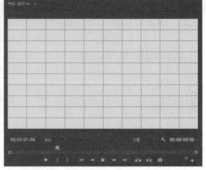

图 2-122　设置渐变参数

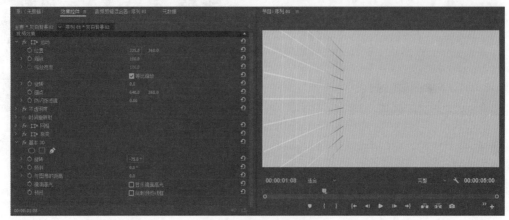

图 2-123　设置滤镜参数

步骤 7　在时间线窗口中复制"灰白背景 02"并粘贴到 V3 轨道中，起点与序列的起点对齐，如图 2-124 所示。

步骤 8 选择 V3 轨道上的素材，在"效果控件"面板中调整"位置"和"基本 3D"参数，如图 2-125 所示。

步骤 9 在时间线窗口的标题栏上单击鼠标右键，在弹出的快捷菜单中选择"添加轨道"命令，在弹出的"添加轨道"对话框中设置参数，如图 2-126 所示。

图 2-124 复制素材

步骤10 复制 V3 轨道中的"灰白背景 02"并粘贴到 V4 轨道中，在"效果控件"面板中调整"位置"和"基本 3D"的参数，如图 2-127 所示。

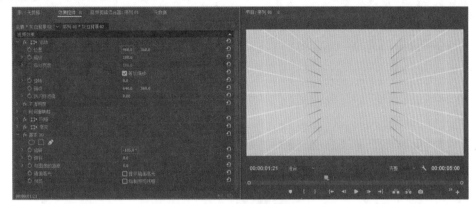

图 2-125 设置滤镜参数

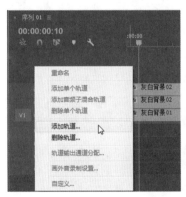

图 2-126 添加轨道

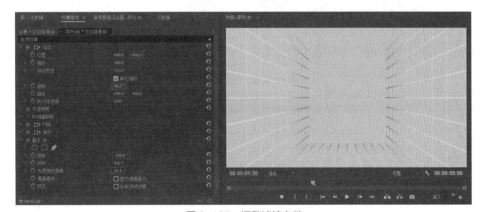

图 2-127 调整滤镜参数

步骤11 在"项目"窗口中导入图片素材"王莽岭 01.jpg"并拖曳到时间线的 V5 轨道上，在"效果控件"面板中调整"位置"和"缩放"参数，如图 2-128 所示。

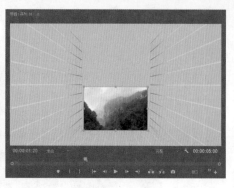

图 2-128　调整运动参数

步骤12　添加"透视"组中的"投影"滤镜，激活"效果控件"面板，设置"投影"参数，如图 2-129 所示。

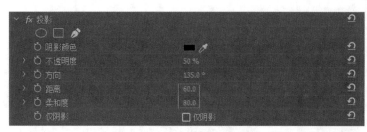
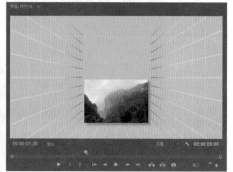

图 2-129　设置滤镜参数

步骤13　保存场景，然后在"节目监视器"窗口中观看效果。

实例037　斜角边效果

案例文件：	工程 / 第 2 章 / 实例 037.prproj		视频教学：	视频 / 第 2 章 / 斜角边效果 .mp4
难易程度：	★★★☆☆	学习时间：	2 分 01 秒	实例要点： 应用"斜角边"和"斜面 Alpha"滤镜

本实例的最终效果如图 2-130 所示。

图 2-130　斜角边效果

步骤 1　运行 Premiere Pro CC 2017，新建项目，命名为"实例 037.prproj"，新建一个序列，选择预设"HDV 720p25"。

步骤 2　在"项目"窗口中导入图片素材"天空 01.jpg"并拖曳到时间线的 V1 轨道上。

步骤 3　在"项目"窗口中导入视频素材"飞机 .mp4"并拖曳到时间线的 V2 轨道上，如图 2-131 所示。

步骤 4　在时间线窗口中选择 V2 轨道上的素材，在"效果控件"面板中设置"缩放"的数值为 75%，查看节目预览效果，如图 2-132 所示。

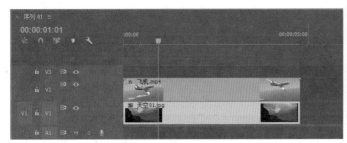

图 2-131 添加素材到时间线

图 2-132 调整素材画面大小

步骤5 激活"效果"面板,为素材添加"透视"组中的"斜角边"滤镜,设置"斜角边"栏中的"光照角度"为60°,如图 2-133 所示。

图 2-133 设置滤镜参数

步骤6 添加"透视"组中的"斜面 Alpha"滤镜,在"效果控件"面板中设置"边缘厚度"为4,"照明角度"为−120°,如图 2-134 所示。

图 2-134 设置滤镜参数

步骤7 保存场景,在"节目监视器"窗口中观看效果。

实例038 光工厂插件 🎞

案例文件:	工程 / 第 2 章 / 实例 038.prproj			视频教学:	视频 / 第 2 章 / 光工厂插件 .mp4
难易程度:	★★★★☆	学习时间:	2 分 37 秒	实例要点:	Knoll Light Factory 设置光斑源位置的关键帧,创建光斑动画

本实例的最终效果如图 2-135 所示。

图 2-135　光工厂插件效果

步骤 1　运行 Premiere Pro CC 2017，新建项目，命名为"实例 038.prproj"，新建一个序列，选择预设"HDV 720p25"。

步骤 2　在"项目"窗口中导入图片素材"河传 06.jpg"并拖曳到时间线的 V1 轨道上，如图 2-136 所示。

步骤 3　激活"效果控件"面板，调整"缩放"的参数值为 63%，查看节目预览效果，如图 2-137 所示。

步骤 4　激活"效果"面板，展开并查看光工厂插件 Knoll Light Factory，如图 2-138 所示。

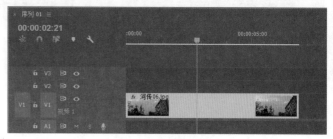

图 2-136　导入素材

图 2-137　调整画面大小

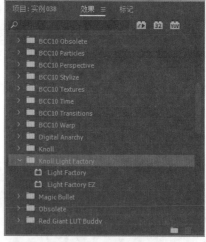

图 2-138　查看滤镜插件

步骤 5　为素材添加 Knoll Light Factory|Light Factory 滤镜，如图 2-139 所示。

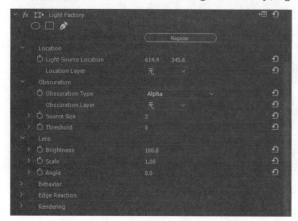

图 2-139　添加光工厂滤镜

步骤6 单击"设置"按钮➡⊟，进入 Knoll Light Factory Lens Designer（光工厂镜头设计）操作界面，单击左侧的三角，选择预设光斑，如图 2-140 所示。

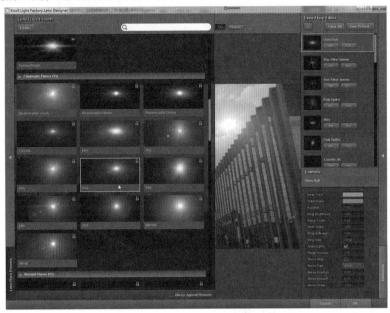

图 2-140 选择光斑预设

步骤7 单击 OK 按钮关闭 Light Factory Lens Designer（镜头光斑设计）界面，在"节目监视器"窗口中调整光斑源位置，如图 2-141 所示。

步骤8 将当前指针拖曳到序列的起点，在"效果控件"面板上激活窗口中 Light Source Location 的关键帧，将当前指针拖曳到序列的终点，在"节目监视器"窗口中调整 Light Source Location 数值，创建光斑的动画，如图 2-142 所示。

步骤9 保存场景，在"节目监视器"窗口中观看效果。

图 2-141 调整光斑源位置

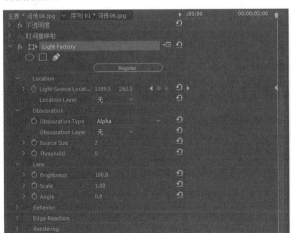

图 2-142 设置光斑源位置关键帧

实例039 皮肤润饰效果

案例文件：	工程 / 第 2 章 / 实例 039.prproj		视频教学：	视频 / 第 2 章 / 皮肤润饰效果 .mp4
难易程度：	★★★★☆	学习时间：	4 分 05 秒	实例要点：	应用"色阶"和 Beauty Box 滤镜

本实例的最终效果如图 2-143 所示。

图 2-143　皮肤润饰效果

步骤 1　运行 Premiere Pro CC 2017，新建项目，命名为"实例 039.prproj"，新建一个序列，选择预设"HDV 720p25"。

步骤 2　在"项目"窗口中导入视频素材"看书女生 .mp4"并拖曳到时间线的 V1 轨道上，如图 2-144 所示。

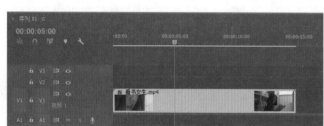 

图 2-144　导入素材到时间线

步骤 3　为该素材添加"调整"|"色阶"滤镜，调整画面的亮度和对比度，如图 2-145 所示。

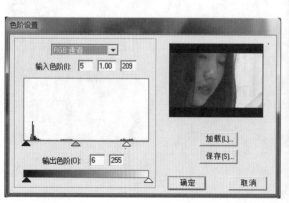 

图 2-145　调整画面色阶

步骤 4 添加 Digital Anarchy|Beauty Box 滤镜，单击 Clip Image 缩略图显示源素材，如图 2-146 所示。

步骤 5 展开 Mask 选项栏，在 Mode 选项中选择 Set Color，勾选 Show Mask 复选框，在小预览图中拾取皮肤的亮部和暗部，如图 2-147 所示。

步骤 6 调整选区范围，如图 2-148 所示。

步骤 7 取消勾选 Show Mask 复选框，在"时间线"窗口中双击视频素材，这样就可以在"源监视器"和"节目监视器"窗口中同时显现进行比较，如图 2-149 所示。

步骤 8 展开 Sharpen 选项栏，调整 Amount 数值为 50，如图 2-150 所示。

步骤 9 展开 Color Correction 选项栏，勾选 Use Mask 复选框，调整亮度数值，如图 2-151 所示。

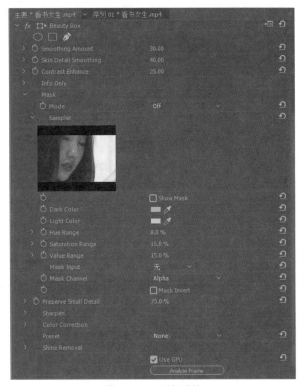

图 2-146 添加滤镜

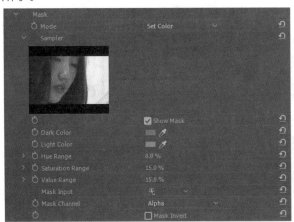

图 2-147 拾取肤色

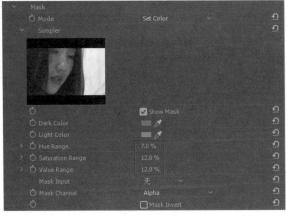

图 2-148 调整选区范围

图 2-149　比较效果

图 2-150　设置滤镜参数

图 2-151　调整滤镜参数

步骤10　保存场景，在"节目监视器"窗口中观看效果。

实例040　模拟雨雪效果

案例文件：	工程 / 第 2 章 / 实例 040.prproj		视频教学：	视频 / 第 2 章 / 模拟雨雪效果 .mp4
难易程度：	★★★★☆	学习时间： 3 分 37 秒	实例要点：	应用"色阶"BCC Rain 和 BCC Snow 滤镜

本实例的最终效果如图 2-152 所示。

图 2-152　模拟雨雪效果

步骤1　运行 Premiere Pro CC 2017，新建项目，命名为"实例 040.prproj"，新建一个序列，选择预设"HDV 720p25"。

步骤 2 在"项目"窗口中导入视频素材"竹子.mp4"和"girl02.mp4"并拖曳到时间线的 V1 轨道上，如图 2-153 所示。

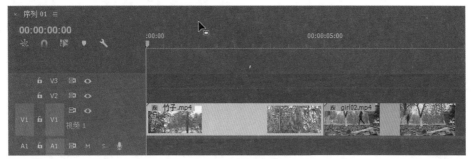

图 2-153 新建项目

步骤 3 在"时间线"窗口的 V1 轨道上，选择第一段素材，添加"调整"|"色阶"滤镜，调整输入点的位置，增加亮度和对比度，如图 2-154 所示。

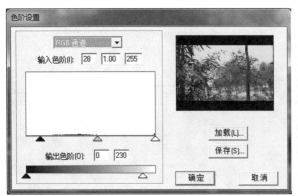

图 2-154 调整色阶滑块

步骤 4 添加 BCC 10 Particles|BCC Rain 滤镜，如图 2-155 所示。

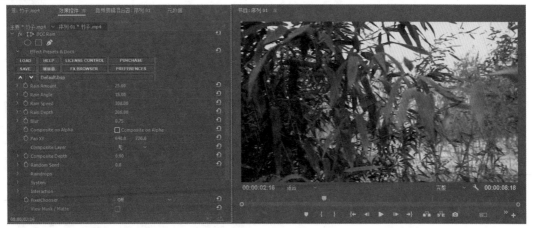

图 2-155 添加下雨滤镜

提示

　　Boris Continuum Complete 10 为视频图像的合成、处理、键控、着色、变形等提供全面的解决方案，支持 Open GL 和双 CPU 加速，拥有 240 多款滤镜和 2500 多种预设效果，包括字幕（3D 字幕）、3D 粒子、风格化、光线、画中画、镜头光晕、烟雾和火等。

步骤 5　在"效果控件"面板中设置下雨效果参数，如图 2-156 所示。

图 2-156　设置下雨效果参数

步骤 6　在时间线窗口中选择第二段素材，添加 BCC 10 Particles|BCC Snow 滤镜，如图 2-157 所示。

图 2-157　添加雪效果

步骤 7　单击"效果控件"面板 BCC Snow 滤镜参数栏中的 Load 按钮，选择合适的预设，如图 2-158 所示。

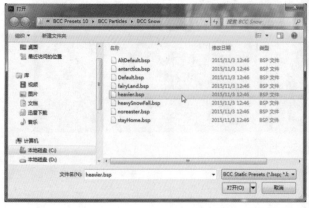

图 2-158　加载预设

步骤 8　保存场景，在"节目监视器"窗口中观看效果。

第3章

 视频过渡特效

本章实例主要讲述如何使用"效果"面板中的视频过渡特效，通过视频过渡使得不同的场景和镜头能够很顺畅地组接在一起，甚至可以创建一些引人入胜的视觉效果。由于 Adobe Premiere Pro CC 2017 本身包含了数量庞大的过渡特效，再加上可能安装的第三方插件，这么大数量的过渡特效的确让初学者眼花缭乱，甚至无从做起，其实要铭记一点，镜头过渡特技是一种必要，而不可随处乱用，否则就破坏其锦上添花的功能。

本章重点

■变形过渡效果　　■立方体旋转效果　■交叉划像　　　■菱形划像　　　■时钟式擦除
■百叶窗擦除　　　■油漆飞溅擦除　　■风车擦除　　　■交叉溶解　　　■渐隐过渡
■胶片溶解　　　　■中心拆分　　　　■交叉缩放　　　■翻页效果　　　■页面剥落

实例041 变形过渡效果

案例文件：	工程 / 第 3 章 / 实例 041.prproj		视频教学：	视频 / 第 3 章 / 变形过渡效果 .mp4
难易程度：	★★★☆☆	学习时间：2 分 20 秒	实例要点：	应用变形过渡特效

本实例的最终效果如图 3-1 所示。

图 3-1 变形过渡效果

步骤 1 运行 Premiere Pro CC 2017，新建项目，命名为"实例 041.prproj"，新建一个序列，选择预设"HDV 720p25"。

步骤 2 在"项目"窗口中导入素材"雪山流水 .mp4"和"森林 .mp4"，并添加到时间线的 V1 轨道上，如图 3-2 所示。

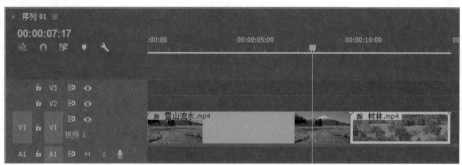

图 3-2 添加素材到时间线

步骤 3 在时间线窗口中双击第一段素材在"源监视器"窗口中打开，调整素材的出点，如图 3-3 所示。

步骤 4 在时间线窗口中双击第二段素材在"源监视器"窗口中打开，调整素材的入点，如图 3-4 所示。

图 3-3 调整素材出点   图 3-4 调整素材入点

> **提示** 相邻的两段素材需要足够的料头和料尾才能进行正确的过渡转场。

步骤 5 在时间线窗口中拖曳第二段素材向左与第一段素材的尾端相连，如图 3-5 所示。

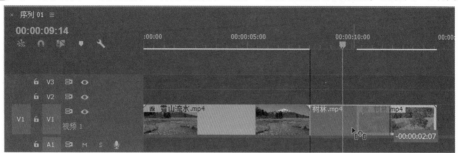

图 3-5　移动素材位置

步骤 6 激活"效果"面板，选择"视频过渡"|"溶解"|MorphCut 滤镜，将其拖至时间线窗口 V1 轨道中两段素材的交界处，如图 3-6 所示。

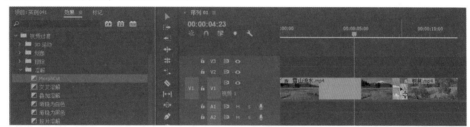

图 3-6　添加溶解特效

步骤 7 等待系统分析运算，如图 3-7 所示。

图 3-7　分析运算

步骤 8 保存场景，在"节目监视器"窗口中观看效果。

实例042　立方体旋转效果

案例文件：	工程 / 第 3 章 / 实例 042.prproj	视频教学：	视频 / 第 3 章 / 立方体旋转效果 .mp4
难易程度：	★★★☆☆	学习时间： 2 分 38 秒	实例要点： 应用立方体旋转过渡特效

本实例的最终效果如图 3-8 所示。

图 3-8　立方体旋转效果

步骤 1　运行 Premiere Pro CC 2017，新建项目，命名为"实例 042.prproj"，新建一个序列，选择预设"HDV 720p25"。

步骤 2　在"项目"窗口中导入素材"房间摇镜 .mp4"和"饭店摇镜 .mp4"，然后双击素材"房间摇镜 .mp4"在"源监视器"窗口中打开，设置该素材的入点和出点并添加到时间线的 V1 轨道中，如图 3-9 所示。

步骤 3　在"项目"窗口中双击素材"饭店摇镜 .mp4"，在"源监视器"窗口中打开，设置该素材的入点和出点并添加到时间线的 V1 轨道中，如图 3-10 所示。

图 3-9　设置素材出点

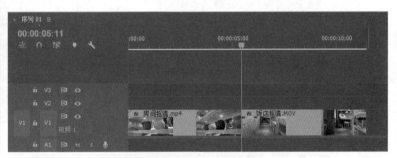

图 3-10　添加素材到时间线

步骤 4　激活"效果"面板，选择"视频过渡"|"3D 运动"|"立方体旋转"滤镜，分别在第一个素材的首端和两个素材之间添加该特效，如图 3-11 所示。

步骤 5　双击中间的过渡特效，弹出"设置过渡持续时间"对话框，调整过渡持续时间的长度，如图 3-12 所示。

步骤 6　在时间线窗口中选择中间的过渡特效，激活"效果控件"面板，勾选"反向"复选框，如图 3-13 所示。

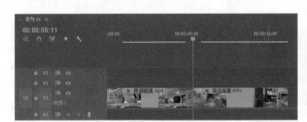

图 3-11　添加过渡特效

图 3-12　设置过渡持续时间

图 3-13　设置过渡效果参数

步骤 7　保存场景，在"节目监视器"窗口中观看效果。

实例043　交叉划像

案例文件：	工程 / 第 3 章 / 实例 043.prproj	视频教学：	视频 / 第 3 章 / 交叉划像 .mp4
难易程度：	★★★☆☆	学习时间： 2 分 24 秒	实例要点：	应用交叉划像过渡特效

本实例的最终效果如图 3-14 所示。

图 3-14　交叉划像过渡效果

步骤 1　运行 Premiere Pro CC 2017，新建项目，命名为"实例 043. prproj"，新建一个序列，选择预设"HDV 720p25"。

步骤 2　在"项目"窗口中导入素材"山泉 .mp4"和"秋林 .mp4"，然后添加到时间线的 V1 轨道中，如图 3-15 所示。

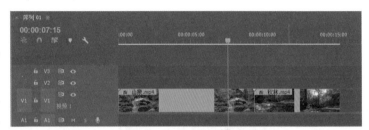

图 3-15　添加素材到时间线

步骤 3　在时间线窗口中拖曳当前指针到 7 秒 15 帧，向前拖曳第二片段，如图 3-16 所示。

步骤 4　在工具栏中选择"滚动编辑工具"，单击两个片段的交界处并向后拖曳，改变两段素材的出入点，如图 3-17 所示。

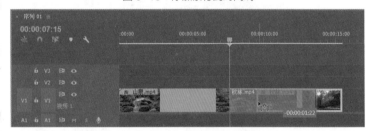

图 3-16　调整素材位置

步骤 5　激活"效果"面板，选择"视频过渡"|"划像"|"交叉划像"滤镜，将其拖至时间线窗口 V1 轨道中两段素材的中间，如图 3-18 所示。

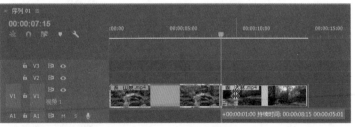

图 3-17　执行滚动编辑

步骤 6　在时间线窗口中选择该过渡特效，在"效果控件"面板中设置"边框宽度"和"颜色"等参数，如图 3-19 所示。

步骤 7　保存场景，在"节目监视器"窗口中观看效果。

图 3-18　添加过渡特效

图 3-19　设置过渡特效参数

实例044　菱形划像

案例文件：	工程 / 第 3 章 / 实例 044.prproj		视频教学：	视频 / 第 3 章 / 菱形划像 .mp4
难易程度：	★★★☆☆	学习时间：　2 分 28 秒	实例要点：	应用菱形划像过渡特效

本实例的最终效果如图 3-20 所示。

 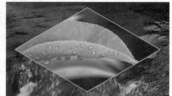 

图 3-20　菱形划像过渡效果

步骤 1　运行 Premiere Pro CC 2017，新建项目，命名为"实例 044.prproj"，新建一个序列，选择预设"HDV 720p25"。

步骤 2　在"项目"窗口中导入素材"水流 .mp4"和"绿叶露珠 .mp4"，然后拖曳素材"水流 .mp4"到时间线的 V1 轨道中，如图 3-21 所示。

步骤 3　拖曳当前指针到 7 秒 10 帧，从"项目"窗口中拖曳素材"绿叶露珠 .mp4"到 V1 轨道上，起点与当前指针对齐，如图 3-22 所示。

图 3-21　将素材添加到时间线

步骤 4　在工具栏中选择"波纹编辑工具"，在时间线窗口中向后拖曳第二片段的首端，如图 3-23 所示。

步骤 5　激活"效果"面板，选择"视频过渡"|"划像"|"菱形划像"滤镜，将其拖至时间线窗口 V1 轨道中两个素材的中间，如图 3-24 所示。

图 3-22　添加素材到时间线

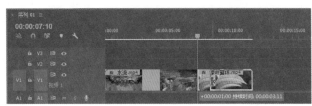

图 3-23 执行波纹编辑

图 3-24 添加过渡特效

提示

如果不愿意在"效果"面板中逐一查找过渡效果,可以在"效果"面板上方的文本框中输入想要的效果名称,即可自动找到该效果。

步骤 6 在时间线窗口中选择过渡特效,在"效果控件"面板中设置边框和颜色,如图 3-25 所示。

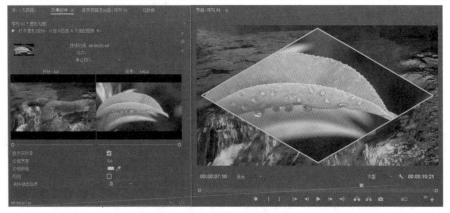

图 3-25 设置过渡特效参数

步骤 7 在时间线窗口中单击过渡特效的末端并向后拖曳,延长过渡特效的时长,如图 3-26 所示。

图 3-26 调整过渡特效时长

步骤 8 保存场景,在"节目监视器"窗口中观看效果。

实例045 时钟式擦除

案例文件：	工程 / 第 3 章 / 实例 045.prproj	视频教学：	视频 / 第 3 章 / 时钟式擦除 .mp4
难易程度：	★★★☆☆　学习时间： 2 分 46 秒	实例要点：	应用时钟式擦除过渡特效

本实例的最终效果如图 3-27 所示。

图 3-27　时钟式擦除效果

步骤 1　运 行 Premiere Pro CC 2017，新建项目，命名为"实例 045. prproj"，新建一个序列，选择预设"HDV 720p25"。

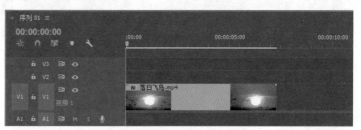

图 3-28　添加素材到时间线

步骤 2　在"项目"窗口中导入素材"落日飞鸟 .mp4"和"墙面 .mp4"，然后拖曳素材"落日飞鸟 .mp4"到时间线的 V1 轨道中，如图 3-28 所示。

步骤 3　拖曳当前指针到 6 秒 10 帧，从"项目"窗口中拖曳素材"墙面 .mp4"到时间线窗口的 V1 轨道中，如图 3-29 所示。

图 3-29　再次添加素材

步骤 4　按住 Ctrl 键在时间线窗口中单击并拖曳第二个片段的首端，如图 3-30 所示。

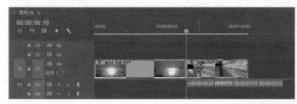
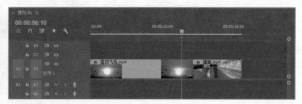

图 3-30　执行滚动编辑

步骤 5　激活"效果"面板，选择"视频过渡"|"擦除"|"时钟式擦除"滤镜，将其拖至时间线窗口 V1 轨道中两个素材的中间，如图 3-31 所示。

步骤 6　在"效果控件"面板中调整"擦除"的方向，如图 3-32 所示。

步骤 7　保存场景，在"节目监视器"窗口中观看效果。

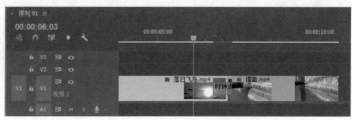

图 3-31　添加过渡效果

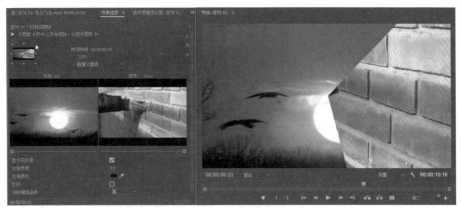

图 3-32　设置过渡特效参数

实例046　百叶窗擦除

案例文件：	工程 / 第 3 章 / 实例 046.prproj		视频教学：	视频 / 第 3 章 / 百叶窗擦除 .mp4
难易程度：	★★★☆☆	学习时间：　2 分 16 秒	实例要点：	应用百叶窗擦除过渡特效

本实例的最终效果如图 3-33 所示。

图 3-33　百叶窗擦除效果

步骤 1　运行 Premiere Pro CC 2017，新建项目，命名为"实例 046.prproj"，新建一个序列，选择预设"HDV 720p25"。

步骤 2　在"项目"窗口中导入素材"河传 05.jpg"和"女生 .mp4"，然后将素材拖曳到时间线的 V1 轨道中，如图 3-34 所示。

步骤 3　在时间线窗口中选择素材"河传 05.jpg"，激活"效果控件"面板，调整"缩放"的数值为 63%，查看节目预览效果，如图 3-35 所示。

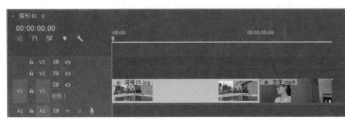

图 3-34　添加素材到时间线

图 3-35　调整画面大小

步骤 4　在工具栏中选择"滚动编辑工具"，单击并向后拖曳第二片段的首端，如图 3-36 所示。

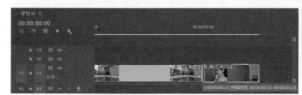

图 3-36　执行滚动编辑

步骤 5　激活"效果"面板，选择"视频过渡"|"擦除"|"百叶窗"滤镜，将其拖至时间线窗口 V1 轨道中两个素材的中间，如图 3-37 所示。

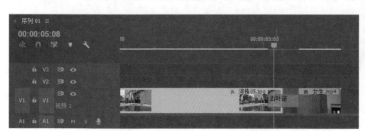

图 3-37　添加过渡特效

步骤 6　在"效果控件"面板中调整擦除参数，如图 3-38 所示。

图 3-38　调整擦除特效参数

步骤 7　单击"自定义"按钮，弹出"百叶窗设置"对话框，设置"带数量"的值，如图 3-39 所示。

图 3-39　设置百叶窗参数

步骤 8　保存场景，在"节目监视器"窗口中观看效果。

实例047　油漆飞溅擦除

案例文件：	工程 / 第 3 章 / 实例 047.prproj		视频教学：	视频 / 第 3 章 / 油漆飞溅擦除 .mp4
难易程度：	★★★☆☆	学习时间：　2 分 17 秒	实例要点：	应用油漆飞溅擦除特效

本实例的最终效果如图 3-40 所示。

图 3-40　油漆飞溅擦除效果

步骤 1　运行 Premiere Pro CC 2017，新建项目，命名为"实例 047.prproj"，新建一个序列，选择预设"HDV 720p25"。

步骤 2　在"项目"窗口中导入素材"倩 04.mp4"，然后拖曳该素材到时间线的 V1 轨道中，如图 3-41 所示。

步骤 3　拖曳当前指针到 2 秒 15 帧，在时间线窗口中选择素材"倩 04.mp4"，按 Ctrl+K 组合键将该素材分裂成两段，如图 3-42 所示。

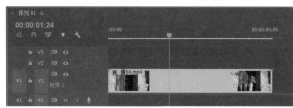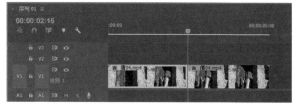

图 3-41　添加素材到时间线　　　　　　　　　　　图 3-42　分裂素材

步骤 4　激活"效果"面板，选择"视频效果"|"图像控制"|"黑白"滤镜，将其拖至时间线窗口 V1 轨道中的第一段素材上。

步骤 5　选择"视频过渡"|"擦除"|"油漆飞溅"滤镜，将其拖至时间线窗口 V1 轨道中两个素材的中间，如图 3-43 所示。

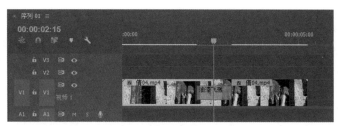

图 3-43　添加过渡特效

步骤 6　在"效果控件"面板中调整擦除特效参数，如图 3-44 所示。

步骤 7　在时间线窗口中单击并向左拖曳擦除特效的首端，延长过渡特效的时长，如图 3-45 所示。

图 3-44　调整特效参数

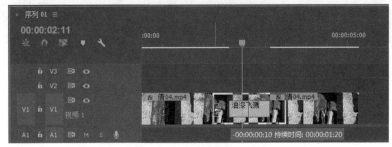

图 3-45　调整过渡特效时长

步骤 8　保存场景，在"节目监视器"窗口中观看效果。

实例048　风车擦除

案例文件：	工程 / 第 3 章 / 实例 048.prproj		视频教学：	视频 / 第 3 章 / 风车擦除 .mp4
难易程度：	★★★☆☆	学习时间：	2 分 48 秒	实例要点： 应用风车擦除特效

本实例的最终效果如图 3-46 所示。

图 3-46　风车擦除效果

步骤 1　运行 Premiere Pro CC 2017，新建项目，命名为"实例 048.prproj"，新建一个序列，选择预设"HDV 720p25"。

步骤 2　在"项目"窗口中导入素材"大台阶 .mp4"和"夕阳操场 .mp4"，然后拖曳素材"大台阶 .mp4"到时间线的 V1 轨道中，如图 3-47 所示。

步骤 3　在时间线窗口的 V1 轨道的素材上单击鼠标右键，在弹出的快捷菜单中选择"速度 / 持续时间"命令，在弹出的对话框中设置速度数值为200%，如图 3-48 所示。

步骤 4　从"项目"窗口中拖曳素材"夕阳操场 .mp4"到时间线窗口的 V1 轨道中，排列在第二片段，如图 3-49 所示。

图 3-47　添加素材到时间线

图 3-48　调整素材速度

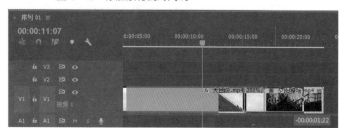

图 3-49　添加素材到时间线

步骤 5 在工具栏中选择"内滑工具" 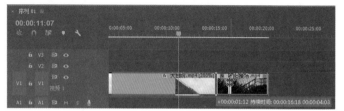，在时间线窗口中单击第二段素材并向左拖动，如图 3-50 所示。

步骤 6 在工具栏中选择"滚动编辑工具"，在时间线窗口中单击两个素材的交界处并向后拖动，如图 3-51 所示。

图 3-50　执行滑动编辑

步骤 7 激活"效果"面板，选择"视频过渡"|"擦除"|"风车"特效，将其拖至时间线窗口的 V1 轨道中两段素材的中间，然后在"效果控件"面板中调整参数，如图 3-52 所示。

步骤 8 单击"自定义"按钮，设置风车楔形参数，如图 3-53 所示。

图 3-51　执行滚动编辑

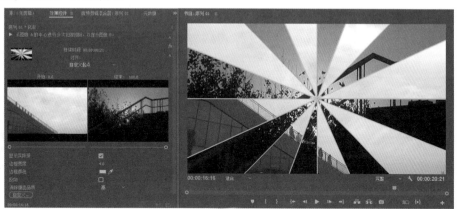

图 3-52　添加并设置过渡特效

图 3-53　设置风车参数

步骤9 保存场景，在"节目监视器"窗口中观看效果。

实例049 交叉溶解

案例文件：	工程 / 第 3 章 / 实例 049.prproj	视频教学：	视频 / 第 3 章 / 交叉溶解 .mp4
难易程度：	★★★☆☆ 学习时间： 1 分 52 秒	实例要点：	应用交叉溶解特效

本实例的最终效果如图 3-54 所示。

图 3-54 交叉溶解效果

步骤1 运行 Premiere Pro CC 2017，新建项目，命名为"实例 049.prproj"，新建一个序列，选择预设"HDV 720p25"。

步骤2 在"项目"窗口中导入素材"雪山流水 .mp4"和"舞蹈 .mp4"，然后拖曳素材"雪山流水 .mp4"到时间线的 V1 轨道中，如图 3-55 所示。

步骤3 从"项目"窗口中拖曳素材"舞蹈 .mp4"到时间线窗口的 V1 轨道中，起点为 7 秒 20 帧，如图 3-56 所示。

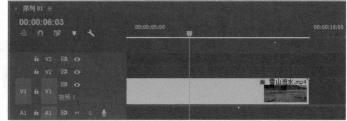

图 3-55 添加素材到时间线

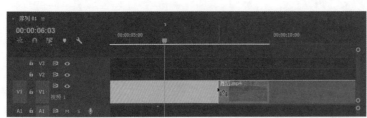

图 3-56 再次添加素材

步骤4 在工具栏中选择"滚动编辑工具" ，在时间线窗口中单击并向后拖动两个片段的交界处，如图 3-57 所示。

步骤5 在 V1 轨道中选择第二段素材，在"效果控件"面板中调整"缩放"的数值为 67%。

步骤6 激活"效果"面板，选择"视

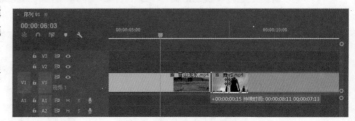

图 3-57 执行滚动编辑

频过渡" | "溶解" | "交叉溶解"特效，将其拖至时间线窗口 V1 轨道中第一个素材的开头、两个素材的中间以及第二个素材的结尾处，如图 3-58 所示。

步骤7 保存场景，在"节目监视器"窗口中观看效果。

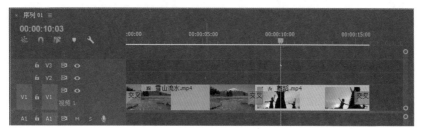

图 3-58　添加过渡特效

实例050　渐隐过渡

案例文件：	工程 / 第 3 章 / 实例 050.prproj	视频教学：	视频 / 第 3 章 / 渐隐过渡 .mp4
难易程度：	★★★☆☆	学习时间：　1 分 52 秒	实例要点：　应用渐隐过渡特效

本实例的最终效果如图 3-59 所示。

图 3-59　渐隐过渡效果

步骤 1　运行 Premiere Pro CC 2017，新建项目，命名为"实例 050.prproj"，新建一个序列，选择预设"HDV 720p25"。

步骤 2　在"项目"窗口中导入素材"倩01.mp4"和"舞蹈 3.mp4"，然后拖曳素材到时间线的 V1 轨道中，如图 3-60 所示。

步骤 3　激活"效果"面板，选择"视频过渡"|"溶解"|"渐变为黑色"特效，将其拖至时间线窗口 V1 轨道中第一段素材的首端和第二段素材的尾端，如图 3-61 所示。

步骤 4　在时间线窗口中拖曳第一个"溶解"特效的尾端延长时间到 1 秒 20 帧，如图 3-62 所示。

步骤 5　在时间线窗口中拖曳第二个"溶解"特效的首端延长时间到 1 秒 20 帧，如图 3-63 所示。

步骤 6　在"效果"面板中选择"视频过渡"|"溶解"|"渐变为白色"特效，将其拖至时间线窗口 V1 轨道中两段素材的中间，如图 3-64 所示。

步骤 7　保存场景，在"节目监视器"窗口中观看效果。

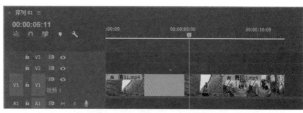

图 3-60　添加素材到时间线

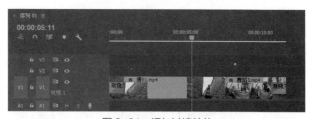

图 3-61　添加过渡特效

图 3-62　延长过渡时间 1

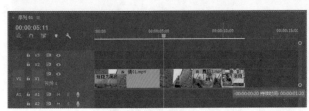

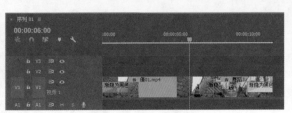

图 3-63　延长过渡时间 2　　　　　　　　　　　图 3-64　添加过渡特效

实例051　胶片溶解

案例文件：	工程 / 第 3 章 / 实例 051.prproj	视频教学：	视频 / 第 3 章 / 胶片溶解 .mp4
难易程度：	★★★☆☆　学习时间：　1 分 41 秒	实例要点：	应用胶片溶解特效

本实例的最终效果如图 3-65 所示。

图 3-65　胶片溶解效果

步骤 1 运行 Premiere Pro CC 2017，新建项目，命名为"实例 051.prproj"，新建一个序列，选择预设"HDV 720p25"。

步骤 2 在"项目"窗口中导入图片素材"河传 09.jpg"，然后将该素材拖曳到时间线的 V1 轨道中，如图 3-66 所示。

步骤 3 在"项目"窗口中导入视频素材"举手 .mp4"，双击该素材在"源监视器"窗口中打开，设置入点和出点，如图 3-67 所示。

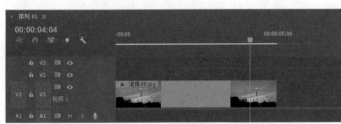

图 3-66　添加素材到时间线　　　　　　　　　　图 3-67　设置入点和出点

步骤 4 拖曳该素材到时间线的 V1 轨道中，排列在图片素材的后面，如图 3-68 所示。

步骤 5 激活"效果"面板，选择"视频过渡"|"溶解"|"胶片溶解"特效，将其拖至时间线窗口 V1 轨道中两个素材的中间位置，如图 3-69 所示。

步骤 6 保存场景，在"节目监视器"窗口中观看效果。

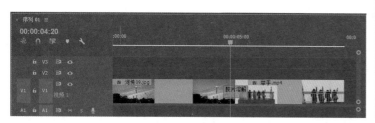

图 3-68　添加素材到时间线

图 3-69　添加过渡特效

实例052　中心拆分

案例文件：	工程 / 第 3 章 / 实例 052.prproj		视频教学：	视频 / 第 3 章 / 中心拆分 .mp4
难易程度：	★★★☆☆	学习时间：	2 分 22 秒	实例要点：	应用中心拆分过渡特效

本实例的最终效果如图 3-70 所示。

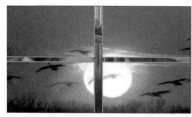  

图 3-70　中心拆分效果

步骤 1　运行 Premiere Pro CC 2017，新建项目，命名为"实例 052.prproj"，新建一个序列，选择预设"HDV 720p25"。

步骤 2　在"项目"窗口中导入素材"落日飞鸟 .mp4"，双击该素材在"源监视器"窗口中打开，设置入点和出点，然后拖曳到时间线窗口的 V1 轨道中，如图 3-71 所示。

步骤 3　在"项目"窗口中导入素材"航拍河 .mp4"，双击该素材在"源监视器"窗口中打开，设置入点和出点，然后拖曳到时间线窗口的 V1 轨道中，如图 3-72 所示。

步骤 4　激活"效果"面板，选择"视频过渡"|"滑动"|"中心拆分"特效，将其拖至时间线窗口 V1 轨道中两个素材的中间，在"效果控件"面板中调整特效参数，如图 3-73 所示。

步骤 5　在时间线窗口中拖曳过渡特效的首端延长过渡的时间，如图 3-74 所示。

步骤 6　保存场景，在"节目监视器"窗口中观看效果。

图 3-71　在时间线中添加素材

图 3-72　添加素材到时间线

图 3-73　设置特效参数

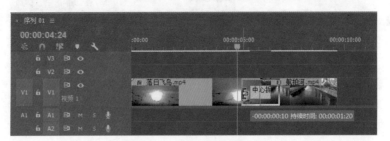

图 3-74　延长过渡特效时长

实例053　交叉缩放

案例文件：	工程 / 第 3 章 / 实例 053.prproj		视频教学：	视频 / 第 3 章 / 交叉缩放 .mp4
难易程度：	★★★☆☆	学习时间：　1 分 38 秒	实例要点：	应用交叉缩放过渡特效

本实例的最终效果如图 3-75 所示。

图 3-75　交叉缩放过渡效果

步骤 1　运行 Premiere Pro CC 2017，新建项目，命名为"实例 053.prproj"，新建一个序列，选择预设"HDV 720p25"。

步骤 2　在"项目"窗口中导入素材"摄像机 2.mp4"，然后拖曳该素材到时间线的 V1 轨道中，如图 3-76 所示。

图 3-76　添加素材到时间线

步骤 3　在"项目"窗口中导入素材"树林日光 .mp4"，拖曳该素材到时间线的 V1 轨道中，起点为 5 秒，如图 3-77 所示。

步骤 4　激活"效果"面板，选择"视频过渡"|"缩放"|"交叉缩放"特效，将其拖至时间线窗口 V1 轨道中两个素材的中间，如图 3-78 所示。

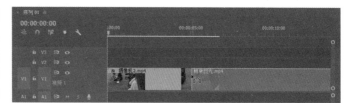

图 3-77　再次添加素材

图 3-78　添加过渡特效

 提示　由于第二段素材的入点就是源素材的起点，所以添加的过渡并没有占用该素材。

步骤 5　在时间线面板中拖曳过渡特效的尾端，延长时间，如图 3-79 所示。

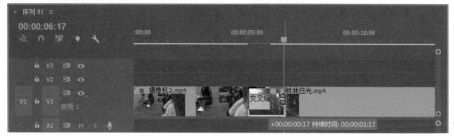

图 3-79　延长过渡时间

步骤 6　保存场景，在"节目监视器"窗口中观看效果。

实例054 翻页效果

案例文件：	工程 / 第 3 章 / 实例 054.prproj		视频教学：	视频 / 第 3 章 / 翻页效果 .mp4
难易程度：	★★★☆☆	学习时间： 1 分 38 秒	实例要点：	应用翻页过渡特效

本实例的最终效果如图 3-80 所示。

图 3-80 翻页过渡效果

步骤1 运行 Premiere Pro CC 2017，新建项目，命名为"实例 054.prproj"，新建一个序列，选择预设"HDV 720p25"。

步骤2 在"项目"窗口中导入素材"girl02.mp4"，然后拖曳该素材到时间线的 V1 轨道中，如图 3-81 所示。

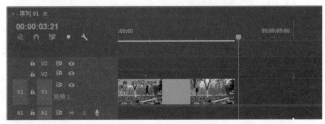

图 3-81 添加素材到时间线

步骤3 在"项目"窗口中导入素材"girl01.mp4"，然后拖曳该素材到时间线的 V1 轨道中，起点为 2 秒 15 帧，如图 3-82 所示。

步骤4 在工具栏中选择"滚动编辑工具" ，单击并拖曳过渡特效的首端，延长过渡的时间长度，如图 3-83 所示。

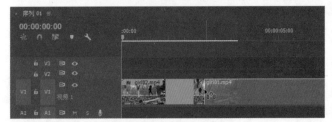

图 3-82 再次添加素材

步骤5 激活"效果"面板，选择"视频过渡"|"页面剥落"|"翻页"特效，将其拖至时间线窗口 V1 轨道中两个素材的中间，如图 3-84 所示。

步骤6 保存场景，在"节目监视器"窗口中观看效果。

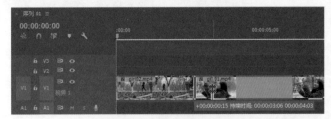

图 3-83 调整过渡特效长度

图 3-84 添加过渡特效

实例055　页面剥落

本实例的最终效果如图 3-85 所示。

案例文件：	工程 / 第 3 章 / 实例 055.prproj	视频教学：	视频 / 第 3 章 / 页面剥落 .mp4
难易程度：	★★★☆☆　学习时间：　1 分 41 秒	实例要点：	应用页面剥落过渡特效

图 3-85　页面剥落过渡效果

步骤 1　运行 Premiere Pro CC 2017，新建项目，命名为"实例 055.prproj"，新建一个序列，选择预设"HDV 720p25"。

步骤 2　在"项目"窗口中导入素材"流动的云 .mp4"，然后拖曳该素材到时间线的 V1 轨道中，如图 3-86 所示。

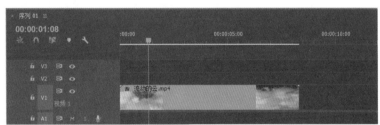

图 3-86　添加素材到时间线

步骤 3　在"项目"窗口中导入素材"girl01.mp4"，然后拖曳该素材到时间线的 V1 轨道中，起点为 6 秒 10 帧，如图 3-87 所示。

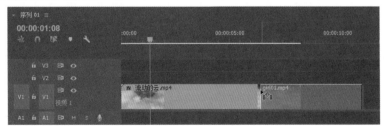

图 3-87　再次添加素材

步骤 4　在工具栏中选择"滚动编辑工具"，在时间线窗口中单击并向后拖曳第二段素材的首端，如图 3-88 所示。

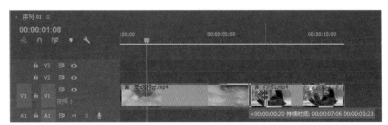

图 3-88　执行滚动编辑

步骤5　激活"效果"面板，选择"视频过渡"|"卷页"|"页面剥落"特效，将其拖至时间线窗口 V1 轨道中两个素材的中间位置，如图 3-89 所示。

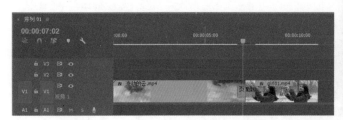

图 3-89　添加过渡特效

步骤6　在"效果控件"面板中设置卷曲方向为"自西南向东北"，如图 3-90 所示。

图 3-90　设置过渡特效的方向

步骤7　保存场景，在"节目监视器"窗口中观看效果。

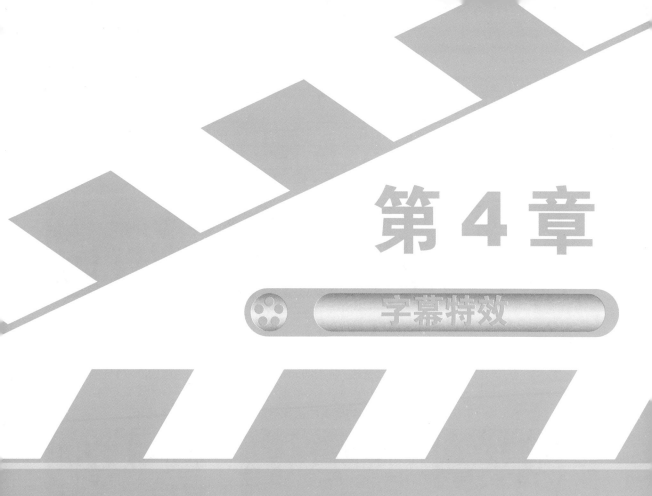

第4章

字幕特效

本章中的实例操作主要在字幕编辑窗口中完成，讲解的重点在于如何创建静态和动态字幕，以及多种常用的特效字幕，还详细讲解了典型的字幕插件的应用。为了能够设计更合理和美观的字幕，建议读者在平面版式设计和字体设计方面下一些功夫，毕竟影视作品中的字幕不仅是传递文字信息的，还有修饰和美化画面的作用，甚至在构图方面也有很大的作用。学习了本章的实例，相信读者可以制作出效果更佳的影视作品。

本章重点

- 创建字幕模板
- 带阴影效果的字幕
- 带辉光效果的字幕
- 镂空效果的字幕
- 带 Logo 图形的字幕
- 字幕排列
- 垂直滚动的字幕
- 立体旋转的字幕
- 流光金属字效果
- 时间码字幕
- NewBlue 特效字
- 连拍唱词字幕

实例056 创建字幕模板

案例文件：	工程 / 第 4 章 / 实例 056.prproj	视频教学：	视频 / 第 4 章 / 创建字幕模板.mp4
难易程度：	★★★☆☆ 学习时间： 4 分 57 秒	实例要点：	创建字幕并保存为模板

本实例的最终效果如图 4-1 所示。

图 4-1　创建字幕效果

步骤 1 运行 Premiere Pro CC 2017，新建一个项目，命名为"实例 056.prproj"，新建一个序列，选择预设"HDV 720p25"。

步骤 2 在"项目"窗口中导入视频素材"航拍河 .mp4"，拖曳到时间线窗口的 V1 轨道上，如图 4-2 所示。

步骤 3 按 Ctrl+T 组合键，在弹出的对话框中采用默认命名，如图 4-3 所示。

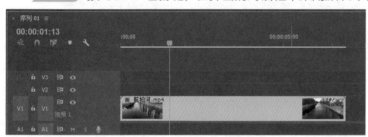 

图 4-2　添加素材到时间线　　　　　　　　　　图 4-3　新建字幕

步骤 4 单击"确定"按钮，进入字幕编辑窗口，如图 4-4 所示。

步骤 5 单击"显示视频背景"按钮，可以控制显示或不显示背景，如图 4-5 所示。

图 4-4　字幕编辑窗口　　　　　　　　　　图 4-5　关闭显示背景

步骤 6 再次单击"显示视频背景"按钮显示背景，选择"文字工具"，直接在预览区中输入文本，选择字体，设置字号和字间距，调整文本的位置，如图 4-6 所示。

步骤 7 选择"矩形工具"，绘制一个矩形，设置填充颜色和描边，如图 4-7 所示。

步骤 8 关闭字幕窗口，将"字幕 01"拖至时间线窗口的 V2 轨道中，如图 4-8 所示。

图 4-6　输入并设置文本　　　　　　　　　　　图 4-7　绘制矩形

> **提示**
>
> 　　如果继续创建后面的字幕，而且与"字幕 01"的属性相同或相近，可以打开"字幕 01"，并在编辑器中单击"基于当前字幕新建字幕"按钮。

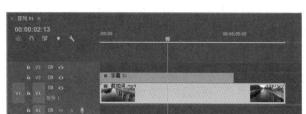

图 4-8　添加字幕到时间线

步骤 9　在"项目"窗口中双击打开"字幕 01"，在字幕编辑器预览区中选择文本，单击字幕样式右侧的按钮，选择"新建样式"命令，弹出"新建样式"对话框，重新命名样式，如图 4-9 所示。

图 4-9　新建字幕样式

步骤 10　单击"确定"按钮，在样式库中出现新建的样式"方正新舒体-飞云 01"，如图 4-10 所示。
步骤 11　选择主菜单"文件"|"新建"|"标题"命令，再创建"字幕 02"，输入新的字符，然后在样式库中单击"方正新舒体-飞云 01"缩略图，如图 4-11 所示。

图 4-11　应用样式

图 4-10　添加新样式

步骤12　调整"字体大小"和"填充颜色"的数值并调整文本的位置，如图 4-12 所示。

步骤13　将字幕编辑窗口关闭，将"字幕 02"拖至时间线窗口的 V2 轨道中，排列在"字幕 01"的后面，如图 4-13 所示。

图 4-12　调整字幕属性

图 4-13　添加字幕到时间线

步骤14　保存场景，在"节目监视器"窗口中观看效果。

实例057　带阴影效果的字幕

案例文件：	工程 / 第 4 章 / 实例 057.prproj		视频教学：	视频 / 第 4 章 / 带阴影效果的字幕 .mp4
难易程度：	★★★☆☆	学习时间：2 分 55 秒	实例要点：	设置字幕的阴影属性

本实例的最终效果如图 4-14 所示。

图 4-14　字幕阴影效果

步骤 1 运行 Premiere Pro CC 2017, 新建一个项目, 命名为 "实例 057.prproj", 新建一个序列, 选择预设 "HDV 720p25"。

步骤 2 在 "项目" 窗口中导入视频素材 "举手 .mp4", 拖曳到时间线窗口的 V1 轨道中, 如图 4-15 所示。

步骤 3 按 Ctrl+T 组合键, 在弹出的对话框中使用默认命名, 单击 "确定" 按钮, 进入字幕编辑窗口。选择 "文字工具" ， 在字幕设计栏中输入 "我相信明天", 在 "字幕属性" 选项栏的 "属性" 栏中设置相应参数, 如图 4-16 所示。

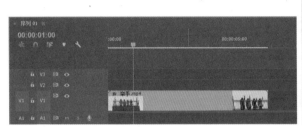

图 4-15 添加素材到时间线

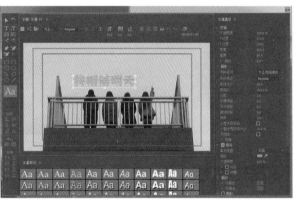

图 4-16 创建字幕并设置属性

提示 除了使用快捷键外, 还可以在 "项目" 窗口 "名称" 区域的空白处单击鼠标右键, 在弹出的快捷菜单中选择 "新建项目" | "字幕" 命令来打开字幕窗口。

步骤 4 在 "中心" 栏中分别单击 "垂直居中" 按钮 、 "水平居中" 按钮 , 将字幕居中对齐, 调整 "Y 位置" 的数值, 如图 4-17 所示。

步骤 5 勾选 "阴影" 复选框, 调整 "距离" 数值为 12, "大小" 数值为 2, 如图 4-18 所示。

图 4-17 调整字幕位置

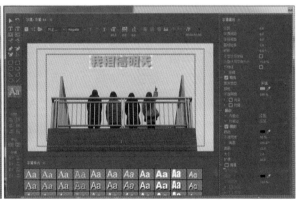

图 4-18 设置字幕属性

步骤 6 将字幕窗口关闭, 将 "字幕 01" 拖至时间线窗口的 V2 轨道中, 在 "节目监视器" 窗口中观看效果, 如图 4-19 所示。

步骤 7 保存场景, 在 "节目监视器" 窗口中观看效果。

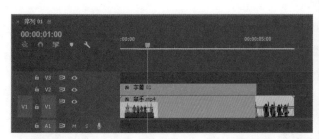

图 4-19　添加字幕到时间线

实例058　沿路径弯曲的字幕

案例文件：	工程 / 第 4 章 / 实例 058.prproj		视频教学：	视频 / 第 4 章 / 沿路径弯曲的字幕 .mp4
难易程度：	★★★★☆	学习时间：	3 分 01 秒	实例要点：	应用路经文字工具

本实例的最终效果如图 4-20 所示。

图 4-20　沿路径弯曲的字幕效果

步骤 1　运行 Premiere Pro CC 2017，新建一个项目，命名为"实例 058.prproj"，新建一个序列，选择预设"HDV 720p25"。

步骤 2　在"项目"窗口中导入视频素材"鸟儿 .mp4"，拖曳到时间线窗口的 V1 轨道上，如图 4-21 所示。

步骤 3　按 Ctrl+T 组合键，在弹出的对话框中使用默认命名，单击"确定"按钮，进入字幕编辑器窗口，选择字幕工具栏中的"路径文字工具"，在字幕设计栏中绘制路径，如图 4-22 所示。

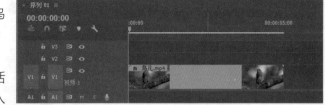

图 4-21　添加素材到时间线

步骤 4　使用"路径文字工具"在路径中插入光标，然后输入文字，在"字幕属性"选项栏的属性区域设置"字体"为"方正瘦金书"，如图 4-23 所示。

步骤 5　调整路径形状，如图 4-24 所示。

步骤 6　调整填充颜色，设置描边参数和阴影参数，如图 4-25 所示。

步骤 7　将字幕窗口关闭，将"字幕 01"拖至时间线窗口的 V2 轨道中。保存场景，在"节目监视器"窗口中观看效果。

图 4-22　绘制路径

图 4-23　创建路径文字

图 4-24　调整路径

图 4-25　调整字幕属性

实例059　带辉光效果的字幕

案例文件：	工程 / 第 4 章 / 实例 059.prproj		视频教学：	视频 / 第 4 章 / 带辉光效果的字幕 .mp4
难易程度：	★★★☆☆	学习时间：　3 分 37 秒	实例要点：	应用 "Alpha 发光" 滤镜

本实例的最终效果如图 4-26 所示。

图 4-26　带辉光的字幕效果

步骤 1　运行 Premiere Pro CC 2017，
新建一个项目，命名为 "实例 059.prproj"，
新建一个序列，选择预设 "HDV 720p25"。

步骤 2　在 "项目" 窗口中导入视频素材
"美女水花 .mp4"，拖曳到时间线窗口的
V1 轨道上，如图 4-27 所示。

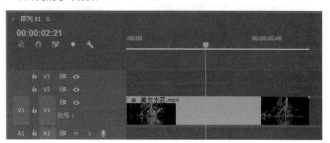

图 4-27　添加素材到时间线

步骤 3　按 Ctrl+T 组合键，在弹出的对话框中使用默认命名，单击"确定"按钮，进入字幕窗口。选择字幕工具栏中的"矩形工具" ■，在字幕设计栏中创建矩形，在"填充"栏中将"填充类型"设置为"实底"，设置"颜色"为橙色、"不透明度"为 50%，勾选"光泽"复选框，设置相关参数，如图 4-28 所示。

步骤 4　在"描边"栏中添加一个"外描边"，将"类型"设置为"边缘"，将"大小"设置为 8，将"填充类型"设置为"实底"，设置"颜色"为白色、"不透明度"为 50%，如图 4-29 所示。

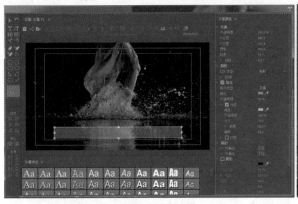
图 4-28　创建矩形

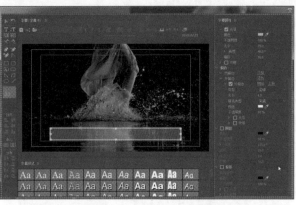
图 4-29　设置矩形属性

步骤 5　勾选"阴影"复选框，设置"颜色"为浅黄色、"不透明度"为 50%、"距离"为 0、"大小"为 10、"扩散"为 100，如图 4-30 所示。

步骤 6　关闭字幕编辑窗口，拖曳该字幕到时间线窗口的 V2 轨道上，然后在"效果控件"面板中设置"混合模式"为"滤色"，如图 4-31 所示。

步骤 7　再创建一个文本字幕，输入新的字符并设置文本属性，如图 4-32 所示。

步骤 8　将字幕拖曳到时间线窗口的 V3 轨道中，添加"风格化"组中的"Alpha 发光"滤镜，设置发光的颜色，如图 4-33 所示。

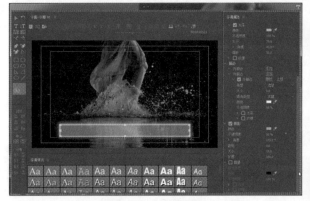
图 4-30　设置阴影

图 4-31　添加字幕到时间线

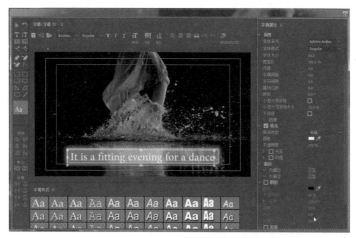

图 4-32　新建字幕

图 4-33　设置发光参数

步骤9　保存场景，在"节目监视器"窗口中观看效果。

实例060　颜色渐变的字幕

案例文件：	工程 / 第 4 章 / 实例 060.prproj	视频教学：	视频 / 第 4 章 / 颜色渐变的字幕 .mp4
难易程度：	★★★☆☆	学习时间：　3 分 18 秒	实例要点：　颜色渐变的字幕

本实例的最终效果如图 4-34 所示。

图 4-34　颜色渐变字幕效果

步骤1　运行 Premiere Pro CC 2017，新建一个项目，命名为"实例060.prproj"，新建一个序列，选择预设"HDV 720p25"。

步骤2　在"项目"窗口中导入视频素材"云流动 .mp4"，拖曳到时间线窗口的 V1 轨道中，如图 4-35 所示。

步骤 3 按 Ctrl+T 组合键，使用默认字幕名称，进入字幕编辑窗口，使用字幕工具栏中的"文字工具" **T** 在字幕设计区中输入字符，调整字体、大小和位置，如图 4-36 所示。

步骤 4 在"填充"栏中将"填充类型"设置为"四色渐变"，设置"颜色"左上角色块为蓝色，左下角色块为白色，左上角色块为橙色，右下角色块为青色，如图 4-37 所示。

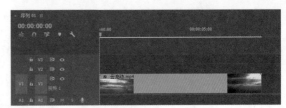

图 4-35 添加素材到时间线

图 4-36 输入并设置文字属性

图 4-37 设置填充颜色

步骤 5 在"描边"栏中添加一个"外描边"，选择"填充类型"为"斜面"，设置"高光颜色"和"阴影颜色"，如图 4-38 所示。

步骤 6 勾选"阴影"复选框，设置阴影参数，如图 4-39 所示。

图 4-38 设置外描边参数

图 4-39 设置阴影参数

步骤 7 关闭字幕编辑窗口，将"字幕 01"拖至时间线窗口的 V2 轨道中，如图 4-40 所示。

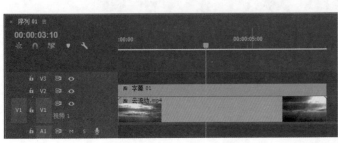

图 4-40 添加字幕到时间线

步骤 8 此时效果已制作完成,保存场景,然后在"节目监视器"窗口中观看效果。

实例061 镂空效果的字幕

案例文件:	工程 / 第 4 章 / 实例 061.prproj		视频教学:	视频 / 第 4 章 / 镂空效果的字幕 .mp4
难易程度:	★★★★☆	学习时间: 3 分 16 秒	实例要点:	设置文字描边参数

本实例的最终效果如图 4-41 所示。

图 4-41 带镂空效果的字幕效果

步骤 1 运行 Premiere Pro CC 2017,新建一个项目,命名为"实例 061.prproj",新建一个序列,选择预设"HDV 720p25"。

步骤 2 在"项目"窗口中导入视频素材"开红花 .mp4",将其拖曳到时间线窗口的 V1 轨道中,如图 4-42 所示。

步骤 3 按 Ctrl+T 组合键,新建字幕,使用默认命名,进入字幕窗口。选择"文字工具",在字幕设计区输入"Red Flower",在"字幕属性"选项栏的属性区域设置相应参数。单击"中心"栏中的"垂直居中"、"水平居中"按钮,将文字居中对齐,如图 4-43 所示。

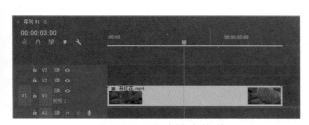

图 4-42 添加素材到时间线

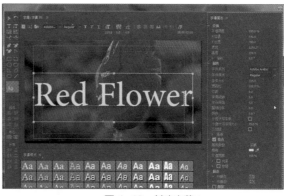

图 4-43 创建字幕

步骤 4 取消勾选"填充"复选框,单击"外描边"右侧的"添加",设置外描边参数,如图 4-44 所示。

步骤 5 单击"内描边"右侧的"添加",设置内描边参数,如图 4-45 所示。

步骤 6 关闭字幕编辑窗口,拖至时间线窗口的 V2 轨道中。在"效果控件"面板中,设置"缩放"的关键帧,创建字幕由小变大的动画,如图 4-46 所示。

步骤 7 此时将设置完成的场景保存,然后在"节目监视器"窗口中观看效果。

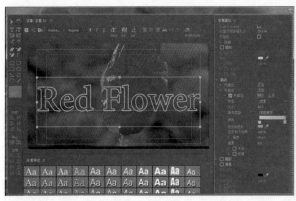

图 4-44　设置外描边参数

图 4-45　设置内描边参数

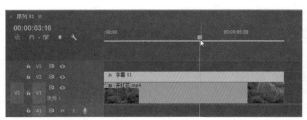

图 4-46　设置缩放关键帧

实例062　带 Logo 的字幕

案例文件：	工程 / 第 4 章 / 实例 062.prproj	视频教学：	视频 / 第 4 章 / 带 Logo 的字幕 .mp4
难易程度：	★★★★☆　学习时间：　4 分 20 秒	实例要点：	指定图形和文字作为 Logo

本实例的最终效果如图 4-47 所示。

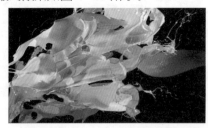
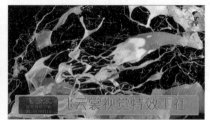

图 4-47　带 Logo 的字幕效果

步骤 1　运行 Premiere Pro CC 2017, 新建一个项目, 命名为"实例 062.prproj", 新建一个序列, 选择预设"HDV 720p25"。

步骤 2　在"项目"窗口中导入视频素材"泼墨 01.mp4", 拖曳到时间线窗口的 V1 轨道中, 并在"效果控件"面板中设置"缩放"的数值为 135%, 查看节目预览效果, 如图 4-48 所示。

步骤 3　按 Ctrl+T 组合键, 使用默认名称, 进入字幕窗口。使用"矩形工具"绘制矩形, 选择"图形类型"选项为"图形", 如图 4-49 所示。

步骤 4　单击"图形路径"右侧的图标, 选择"Logo.tga"文件作为 Logo 图像, 如图 4-50 所示。

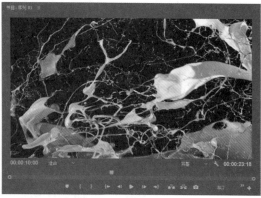

图 4-48　添加素材到时间线

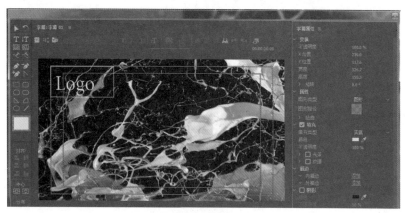

图 4-49　绘制矩形

图 4-50　指定 Logo 图像文件

 提示

作为 Logo 图形的文件可以是 PSD 文件，也可以是保留通道的 png 或 tga 图像文件。

步骤 5　在字幕设计区中调整矩形"宽度"和"高度"与 Logo 图像的宽高比例对应，调整 Logo 图形的位置，如图 4-51 所示。

步骤 6　选择"文字工具" ■，输入字符"飞云裳视觉特效工社"，设置字体、字号和颜色等参数，如图 4-52 所示。

步骤 7　选择"矩形工具" ■，绘制矩形，设置填充颜色和不透明度，添加灰色的外描边并设置参数，如图 4-53 所示。

步骤 8　按 Ctrl+Shift+[组合键，调整该矩形到最后一层，如图 4-54 所示。

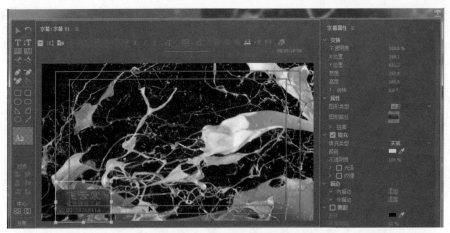

图 4-51　调整矩形宽高比例

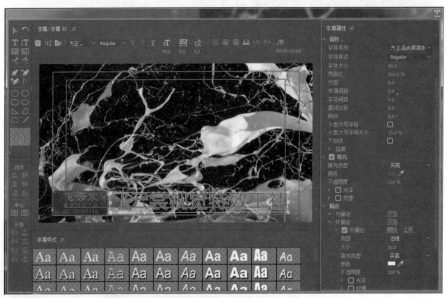

图 4-52　输入文本

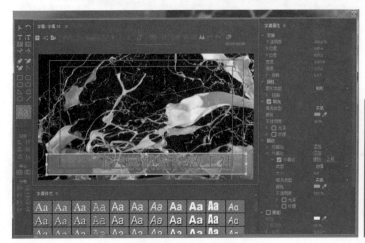

图 4-53　设置矩形属性

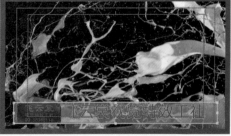

图 4-54　调整图形顺序

步骤 9　关闭字幕编辑窗口，将字幕拖至时间线窗口的 V2 轨道中，在"节目监视器"窗口中观看效果。

实例063 字幕排列

案例文件:	工程 / 第 4 章 / 实例 063.prproj		视频教学:	视频 / 第 4 章 / 字幕排列 .mp4
难易程度:	★★★☆☆	学习时间:	5 分 27 秒	实例要点:	排列字幕和图形的前后顺序以及两个单元对齐

本实例的最终效果如图 4-55 所示。

图 4-55 字幕排列效果

步骤 1 运行 Premiere Pro CC 2017，新建一个项目，命名为"实例 063.prproj"，新建一个序列，选择预设"HDV 720p25"。

步骤 2 在"项目"窗口中导入视频素材"美女水花 .mp4"，拖曳到时间线窗口的 V1 轨道中，如图 4-56 所示。

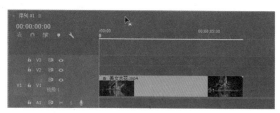

图 4-56 添加素材到时间线

步骤 3 按 Ctrl+T 组合键，新建字幕，使用默认命名，进入字幕窗口，选择"圆角矩形工具" ，绘制矩形，设置"填充"和"描边"属性，如图 4-57 所示。

步骤 4 选择矩形，按 Ctrl+C 组合键复制，然后按 Ctrl+V 组合键进行粘贴，重复三次，如图 4-58所示。

图 4-57 创建圆角矩形

图 4-58 多次复制矩形

步骤 5 按住 Shift 键选择 4 个矩形，单击"对齐"栏中的"水平居中"按钮，如图 4-59 所示。

步骤 6 使用"文字工具"在字幕设计区中输入字符，在"属性"栏中设置字体和字体大小，如图 4-60 所示。

步骤 7 使用"矩形工具"再创建一个矩形，设置填充颜色和不透明度，再添加外描边并设置参数，如图 4-61 所示。

步骤 8 由于矩形是在文字之后创建的，目前在文字的上面，需要进行重新排列前后顺序，如图 4-62 所示。

图 4-59　图形对齐

图 4-60　设置文本属性

图 4-61　设置矩形属性

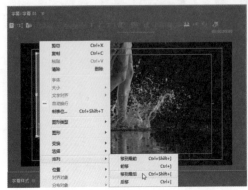

图 4-62　排列文字与矩形

步骤 9　在字幕设计区中框选所有矩形和文字，单击"对齐"栏中的"水平居中"按钮 🔲，如图 4-63 所示。

步骤 10　关闭字幕窗口，将"字幕 01"拖至时间线窗口的 V2 轨道中，在"效果控件"面板中设置"位置"和"缩放"参数，选择"混合模式"为"线性减淡（添加）"，如图 4-64 所示。

步骤 11　此时效果已制作完成，保存场景，然后在"节目监视器"窗口中观看效果。

图 4-63　对齐字幕与图形

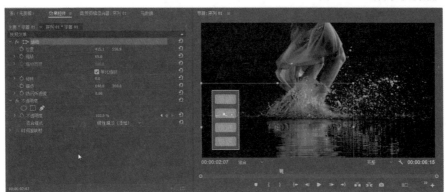

图 4-64　设置运动参数和混合模式

实例064　垂直滚动的字幕

案例文件：	工程 / 第 4 章 / 实例 064.prproj	视频教学：	视频 / 第 4 章 / 垂直滚动的字幕 .mp4
难易程度：	★★★☆☆　学习时间：　6 分 59 秒	实例要点：	选择滚动的字幕类型并设置定时选项

本实例的最终效果如图 4-65 所示。

图 4-65　垂直滚动的字幕效果

步骤 1　运行 Premiere Pro CC 2017，新建一个项目，命名为"实例 064.prproj"，新建一个序列，选择预设"HDV 720p25"。

步骤 2　在"项目"窗口中导入视频素材"女生跳 .mp4"，并拖曳到时间线窗口的 V1 轨道中。

步骤 3　在"项目"窗口中导入视频"大台阶 .mp4"，设置入点和出点分别为 10 秒和 20 秒，拖曳该素材到时间线窗口的 V1 轨道中，排列在第二个片段，如图 4-66 所示。

步骤 4　按 Ctrl+T 组合键，使用默认命名，单击"确定"按钮，进入字幕编

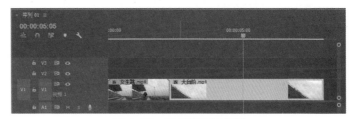

图 4-66　添加素材到时间线

辑窗口，选择字幕工具栏中的"区域文字工具"，选择"样式1"，在字幕设计区中输入文字。在"字幕属性"选项栏的"属性"栏中设置"字体大小"为60、"行距"为22，调整文字的位置，如图4-67所示。

步骤5 在字幕窗口中单击"滚动/游动选项"按钮，弹出"滚动/游动选项"对话框，选择"字幕类型"区域中的"滚动"单选按钮，勾选"定时(帧)"区域中的"开始于屏幕外"复选框，如图4-68所示。

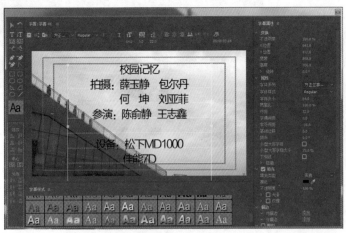

图4-67 设置文字属性

图4-68 设置字幕游动方向

步骤6 单击"确定"按钮，在字幕设计栏右侧出现滑动条，如图4-69所示。

步骤7 设置完成后，关闭字幕窗口，将"字幕01"拖至时间线窗口的V2轨道中，并将字幕与第二段素材的末端对齐，单击播放按钮，查看滚动字幕的动画效果，如图4-70所示。

步骤8 双击"字幕01"，打开字幕编辑器，继续添加文字，如图4-71所示。

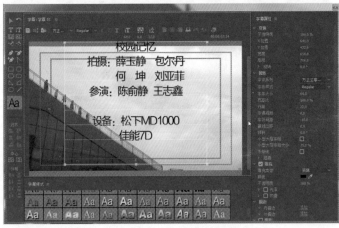

图4-69 字幕滑动条

图4-70 滚动字幕动画效果

步骤9 添加矩形，导入Logo图片，如图4-72所示。

步骤10 单击按钮，设置"滚动/游动"选项，如图4-73所示。

 提示 为了保证最后停留在屏幕中的字符位置和时间，需要多次调整字符位置和过卷数值。

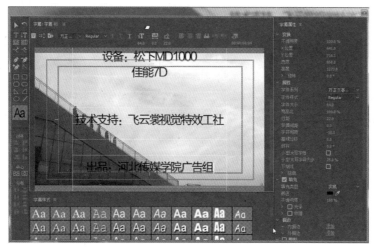

图 4-71　修改字幕内容

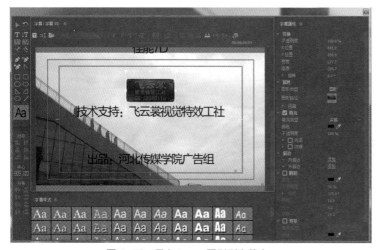

图 4-72　导入 Logo 图形到字幕中

图 4-73　设置滚动选项

步骤11　单击"确定"按钮，关闭字幕编辑器，单击"节目监视器"下方的播放按钮▶，查看滚动字幕由底部向上运动并停留在屏幕中的动画效果，如图 4-74 所示。

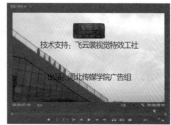

图 4-74　滚动字幕动画效果

步骤12　保存场景，单击"节目监视器"窗口中的播放按钮观看效果。

实例065　逐字打出的字幕

案例文件：	工程 / 第 4 章 / 实例 065.prproj		视频教学：	视频 / 第 4 章 / 逐字打出的字幕 .mp4
难易程度：	★★★☆☆	学习时间：　4 分 37 秒	实例要点：	为字幕应用"裁剪"滤镜

本实例的最终效果如图 4-75 所示。

图 4-75　逐字打出的字幕效果

步骤 1　运行 Premiere Pro CC 2017，新建一个项目，命名为"实例065.prproj"，新建一个序列，选择预设"HDV 720p25"。

步骤 2　在"项目"窗口中导入视频素材"girl01.mp4"，拖曳到时间线窗口的 V1 轨道中，如图4-76所示。

步骤 3　按 Ctrl+T 组合键，使用默认字幕名称，进入字幕窗口，使用字幕工具栏中的"文字工具" T 在字幕设计区中输入字符，在"字幕属性"选项栏中设置相应参数，如图 4-77 所示。

图 4-76　添加素材到时间线　　　　　　　　　　　图 4-77　输入并设置文字属性

步骤 4　关闭字幕窗口，将"字幕01"拖至时间线窗口的 V2 轨道中，并调整其与 V1 轨道中的对齐，如图 4-78 所示。

图 4-78　添加字幕到时间线

步骤 5　为"字幕01"添加"变换"组中的"裁剪"滤镜，激活"效果控件"面板，分别在序列的起点和2秒处设置"裁剪"栏中的"右侧"的关键帧，数值分别为 82% 和 10%，如图 4-79 所示。

步骤 6　单击"节目监视器"窗口中的播放按钮 ，查看字幕动画效果，如图4-80所示。

图 4-79　添加滤镜并设置关键帧

图 4-80 字幕动画效果

步骤 7 双击打开字幕编辑窗口，绘制一个矩形，调整排列到最后，调整"填充"和"描边"参数，如图 4-81 所示。

步骤 8 关闭"字幕01"，在"效果控件"面板中，将"裁剪"栏中的"羽化"设置为 40%，如图 4-82 所示。

步骤 9 保存场景，在"节目监视器"窗口中单击播放按钮观看效果。

图 4-81 设置矩形参数

图 4-82 设置裁剪羽化参数

实例066 立体旋转的字幕

案例文件：	工程 / 第 4 章 / 实例 066.prproj		视频教学：	视频 / 第 4 章 / 立体旋转的字幕 .mp4
难易程度：	★★★☆☆	学习时间： 4 分 03 秒	实例要点：	"基本 3D"滤镜和"立方体旋转"过渡效果

本实例的最终效果如图 4-83 所示。

图 4-83 立体旋转的字幕效果

步骤 1 运行 Premiere Pro CC 2017，新建一个项目，命名为"实例 066.prproj"，新建一个序列，选择预设"HDV 720p25"。

步骤2 在"项目"窗口中导入视频素材"舞蹈.mp4",拖曳到时间线窗口的V1轨道中,如图4-84所示。

步骤3 在"效果控件"面板中设置"缩放"的参数值为67%,查看节目预览效果,如图4-85所示。

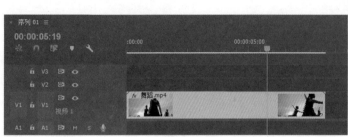

图4-84　添加素材到时间线　　　　　　　　　图4-85　调整画面大小

步骤4 按Ctrl+T组合键,使用默认字幕名称,进入字幕窗口,使用字幕工具栏中的"文字工具" ▌输入文字,并把文字移到合适的位置,在"字幕属性"选项栏中设置字体和字体大小等参数,如图4-86所示。

图4-86　设置字幕属性

步骤5 设置完成后,关闭字幕窗口,将"字幕01"拖至时间线窗口的V2轨道中,并将其结尾处与其他文件的结尾处对齐,如图4-87所示。

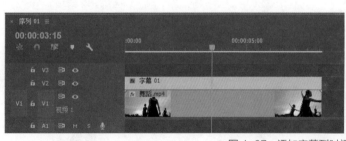

图4-87　添加字幕到时间线

步骤6 为"字幕01"添加"透视"组中的"基本3D"滤镜,在时间线窗口中选中"字幕01",确定当前时间为00:00:00:00,激活"效果控件"面板,设置"基本3D"效果参数,将"旋转"的数值设置为90,并单击其左侧的"切换动画"按钮 ▣,记录第一个关键帧,如图4-88所示。

图 4-88　设置第 1 个关键帧

步骤 7　将时间改为 00:00:03:00，切换到"效果控件"面板，设置"基本 3D"参数，将"旋转"
值设为 -360，如图 4-89 所示。

图 4-89　设置关键帧

步骤 8　为"字幕 01"添加"透视"组中的"投影"滤镜，如图 4-90 所示。

图 4-90　添加"投影"滤镜

步骤 9　在"字幕 01"的尾端添加"3D 运动"组中的"立方体旋转"过渡效果，如图 4-91 所示。

图 4-91　添加视频过渡

步骤10 保存场景，在"节目监视器"窗口中观看效果。

步骤10 保存场景，在"节目监视器"窗口中观看效果。

图 4-95　设置文本填充颜色

图 4-96　设置文本光泽参数

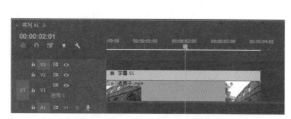

图 4-97　添加字幕到时间线

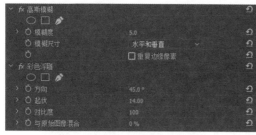

图 4-98　设置滤镜参数

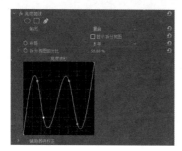

图 4-99　调整曲线

步骤 9 添加"颜色平衡"滤镜，调整"色相"的数值，如图 4-100 所示。

图 4-100 调整色相参数

步骤 10 添加"RGB 曲线"滤镜，调整曲线形状，调高亮度和对比度，如图 4-101 所示。

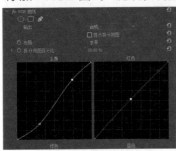

图 4-101 调整曲线

步骤 11 双击打开字幕编辑窗口，勾选"纹理"复选框，并选择作为纹理的图像文件，如图 4-102 所示。

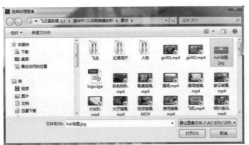

图 4-102 设置字幕纹理

步骤 12 调整曲线，降低蓝色，增加红色和绿色，如图 4-103 所示。

图 4-103 调整曲线

步骤 13 将视频素材"光效 3.mp4"导入"项目"窗口中，双击在"源监视器"窗口中打开并设置入点和出点分别为 2 秒和 6 秒，拖曳到时间线窗口的 V3 轨道上。

步骤 14 在"效果控件"面板中设置"缩放"的参数值为 67%，选择"混合模式"为"叠加"，查看节目预览效果，如图 4-104 所示。

图 4-104　设置混合模式

步骤15　复制字幕并粘贴到 V4 轨道上，为"光效 3.mp4"添加"键控"组中的"轨道遮罩键"滤镜，在"效果控件"面板中设置滤镜参数，如图 4-105 所示。

图 4-105　设置滤镜参数 1

步骤16　为"光效 3.mp4"添加"高斯模糊"滤镜，设置"模糊度"数值为 30，如图 4-106 所示。

图 4-106　设置滤镜参数 2

步骤17　保存场景，在"节目监视器"窗口中观看效果。

实例068　时间码字幕

案例文件：	工程 / 第 4 章 / 实例 068.prproj	视频教学：	视频 / 第 4 章 / 时间码字幕 .mp4
难易程度：	★★★☆☆	学习时间：	1 分 59 秒	实例要点：	"时间码"滤镜的应用

本实例的最终效果如图 4-107 所示。

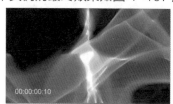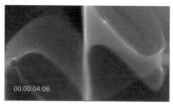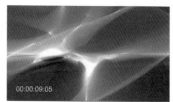

图 4-107　时间码字幕效果

步骤 1 运行 Premiere Pro CC 2017，新建一个项目命名为"实例 068.prproj"，新建一个序列，选择预设"HDV 720p25"。

步骤 2 在"项目"窗口中导入视频素材"光效 2.mp4"，拖曳到时间线窗口的 V1 轨道中，如图 4-108 所示。

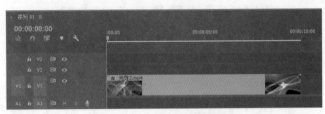

图 4-108 添加素材到时间线

步骤 3 在"项目"窗口的空白处单击鼠标右键，在弹出的快捷菜单中选择"新建项目"|"颜色遮罩"命令，新建一个黑色的颜色遮罩，如图 4-109 所示。

步骤 4 拖曳颜色遮罩至 V2 轨道上，延长该素材与 V1 轨道上的素材长度一致，如图 4-110 所示。

步骤 5 为颜色遮罩添加"视频"|"时间码"滤镜，在"效果控件"面板中设置滤镜参数，如图 4-111 所示。

步骤 6 在"效果控件"面板中对"时间码"滤镜参数进行调整，如图 4-112 所示。

步骤 7 在"效果控件"面板中选择"混合模式"为"滤色"，在"节目监视器"窗口中调整位置，如图 4-113 所示。

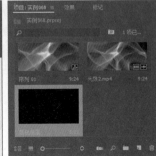

图 4-109 新建颜色遮罩

图 4-110 添加颜色遮罩到时间线

图 4-111 添加滤镜并设置参数

图 4-112 调整滤镜参数

步骤 8 保存场景，在"节目监视器"窗口中观看效果。

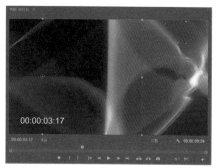

图 4-113　设置混合模式和位置

实例069　NewBlue 特效字

案例文件：	工程 / 第 4 章 / 实例 069.prproj		视频教学：	视频 / 第 4 章 /NewBlue 特效字 .mp4
难易程度：	★★★★☆	学习时间：4 分 13 秒	实例要点：	应用 NewBlue Titler Pro 5 插件

本实例的最终效果如图 4-114 所示。

图 4-114　NewBlue 特效字效果

步骤 1　运行 Premiere Pro CC 2017，新建一个项目，命名为"实例 069.prproj"，新建一个序列，选择预设"HDV 720p25"。

步骤 2　在"项目"窗口中导入视频素材"彩色树林 .mp4"，拖曳到时间线窗口的 V1 轨道中，如图 4-115 所示。

步骤 3　在"项目"窗口的空白处单击鼠标右键，在弹出的快捷菜单中选择"新建项目"|"NewBlue Titler Pro 5"命令，打开 NewBlue Titler Pro 字幕编辑窗口，如图 4-116 所示。

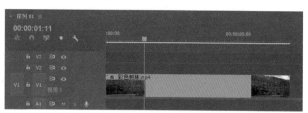

图 4-115　添加素材到时间线

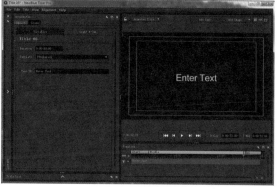

图 4-116　添加 NewBlue Titler Pro 5 特效

NewBlue Titler Pro 5是一款由强大的插件商 NewBlue 公司出品的一款专业字幕插件，是最快和最有效的字幕标题工具，包含 40 多种内置样式和模板以及数十种高级模板。动画现有设计和商标使用 EPS 和 PSD 文件导入。

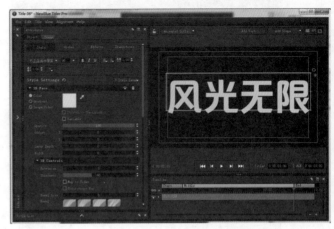

步骤 4　输入文字，设置字体和字号等参数，如图 4-117 所示。

图 4-117　输入字符并设置属性

步骤 5　单击左侧的 > 按钮，展开 Styles 预设库，双击打开 Reflectior Collectior 文件夹，选择 Bold White 项，如图 4-118 所示。

图 4-118　选择字幕预设

步骤 6　重新选择字体，设置 Extrusion 的数值为 31，如图 4-119 所示。

步骤 7　单击 Transitions 选项卡，单击左侧的 < 按钮，双击 Animation 文件夹，再双击打开 Fade In 文件夹，拖曳 Smooth 到时间线上"风光无限"的首端，如图 4-120 所示。

步骤 8　调整淡入过渡的长度，如图 4-121 所示。

步骤 9　单击左侧的 < 按钮，双击 Transitions 文件夹，再双击打开 Zoom 文件夹，拖曳 Centered Zoom Blur 到时间线上"风光无限"的末端然后调整该过渡的长度，如图 4-122 所示。

图 4-119　设置特效参数

步骤 10　单击 Effects 选项卡，单击左侧的 < 按钮，双击 Animation 文件夹，再双击打开 Turn 文件夹，双击 Upturn Words 项，为"风光无限"添加运动效果，如图 4-123 所示。

步骤 11　按 Ctrl+S 组合键，存储字幕文件，如图 4-124 所示。

图 4-120　设置特效参数

图 4-121　调整过渡长度

图 4-122　设置文本过渡效果

图 4-123　添加文本动画预设

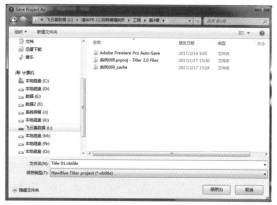

图 4-124　保存字幕文件

步骤 12　单击"保存"按钮，关闭字幕编辑器窗口，从"项目"窗口中拖曳字幕到时间线的 V2 轨道上，如图 4-125 所示。

图 4-125　添加字幕到时间线

步骤13　保存场景，在"节目监视器"窗口中观看效果。

实例070　连拍唱词字幕

案例文件：	工程 / 第 4 章 / 实例 070.prproj			视频教学：	视频 / 第 4 章 / 连拍唱词字幕 .mp4
难易程度：	★★★★☆	学习时间：	7 分 04 秒	实例要点：	应用雷特公司的连拍字幕插件 Vis Title LE

本实例的最终效果如图 4-126 所示。

图 4-126　连拍唱词字幕效果

步骤 1　运行 Premiere Pro CC 2017，新建一个项目，命名为"实例 070.prproj"，新建一个序列，选择预设"HDV 720p25"。

步骤 2　在"项目"窗口中导入图片素材"河传 01.jpg ～ 08.jpg"，拖曳到时间线窗口的 V1 轨道中，如图 4-127 所示。

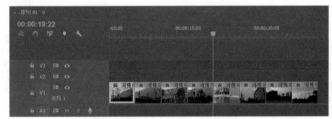

图 4-127　添加素材到时间线

步骤 3　导入"连拍唱词字幕 01.wav"并拖至 A1 轨道上，增加音轨的高度以展开音频波形，如图 4-128 所示。

步骤 4　在"项目"窗口的空白处单击鼠标右键，在弹出的快捷菜单中选择"新建项目"| Vis Title LE 命令，弹出"新建合成"对话框，直接单击"确定"按钮，弹出"雷特字幕导入器"对话框，如图 4-129 所示。

图 4-128　添加音频到时间线

图 4-129　选择 Vis Title LE 命令

步骤 5　单击"从模板库选择"按钮，打开模板库，如图 4-130 所示。

步骤 6　单击"确定"按钮，在"项目"窗口中出现新建的字幕，如图 4-131 所示。

步骤 7　拖曳该字幕到 V2 轨道上，延长背景和字幕的长度与音频结尾对齐，如图 4-132 所示。

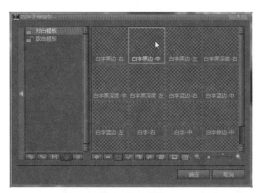

图 4-130　选择模板

图 4-131　新建字幕

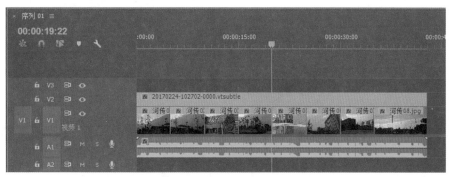

图 4-132　添加字幕到时间线

 提示

当为很长的影片添加字幕时往往用连拍唱词的插件，这里只是用 30 秒来讲解一下使用方法。

步骤 8　在时间线窗口中双击字幕打开"唱词编辑器"，如图 4-133 所示。

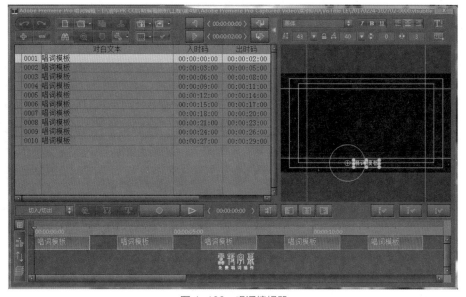

图 4-133　唱词编辑器

步骤 9　单击"打开单行文本文件"按钮 ，选择"连拍唱词字幕 .txt"文件，单击"打开"按钮，如图 4-134 所示。

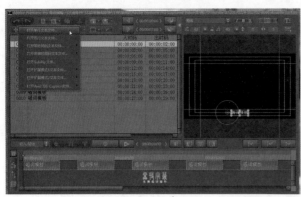

图 4-134　选择唱词文本

步骤10　在弹出的对话框中单击"是"按钮，将文本导入唱词编辑器中，如图 4-135 所示。

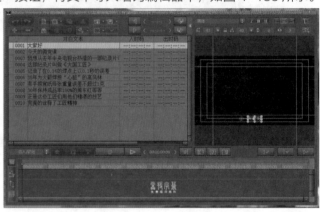

图 4-135　导入唱词文本

　　步骤11　选择第一行文字，在右侧设置文本属性，单击右下角的"全部应用"按钮 ，如图 4-136 所示。

　　步骤12　在时间线上拖曳当前指针到序列的起点，单击唱词编辑器底部的录制按钮 ，变成 后就可以开始连拍唱词了，根据声音每读一句字幕就按一下空格键，将记录入点和出点，如图 4-137 所示。

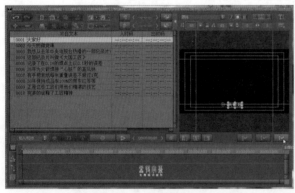
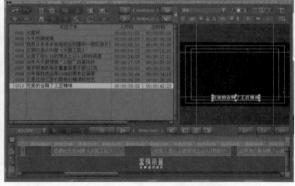

图 4-136　设置文本属性　　　　　　　　　　　　　图 4-137　录制连拍唱词

提示　　往往第一次参照配音连拍的字幕都不能很好地与声音对齐，需要调整字幕的入点和出点。

步骤13　在时间线上拖曳当前指针到序列的起点，单击播放按钮▶，通过监听声音来查看字幕的入点和出点的误差，并进行调整，如图 4-138 所示。

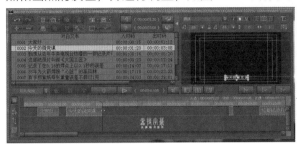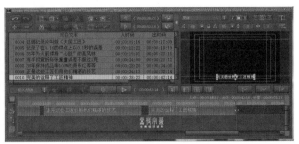

图 4-138　调整字幕出入点

提示

PR 时间线与唱词编辑器的时间线是联动的，也可以直接在唱词编辑器中编辑文字。

步骤14　关闭唱词编辑器，选择 V2 轨道上的字幕，在"效果控件"面板中调整"位置"和"缩放"的数值，如图 4-139 所示。

图 4-139　调整字幕位置和大小

步骤15　添加"透视"组中的"投影"滤镜，设置参数，如图 4-140 所示。

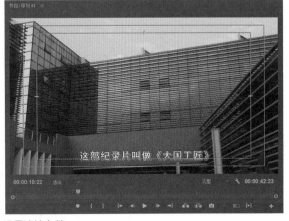

图 4-140　设置滤镜参数

步骤16　保存场景，在"节目监视器"窗口中观看效果。

第5章

音频特效

　　现代的影视艺术，也是声画艺术，声音不但使画面更具有活力，而且还能使屏幕形象更加具体、更有立体感，所以影视制作不仅要强调画面语言，音乐音响也必须是完美结合，才能使作品声画并茂、魅力无穷，给观众带来高质量的视听享受。

　　本章讲述的是音频素材的编辑和添加特效的方法，通过本章中的实例可以学习为视频插入背景音乐，通过关键帧来调整音量，还可以制作出特殊的声音效果，如山谷回声的效果、屋内声音混响的效果、交响乐效果和超重音效果等，还讲述了音频素材的处理，例如调速、均衡器优化以及消除电流杂声等技巧。

本章重点

■调节音量关键帧　　　　■调节音频的速度　　　　■山谷回声效果　　　　■消除嗡嗡电流声
■室内混响效果　　　　　■均衡器优化高低音　　　■左右声道渐变转化
■普通音乐中交响乐效果　■超重低音效果　　　　　■使用调音台调节音轨

实例071 调节音量关键帧 🎬

案例文件:	工程 / 第 5 章 / 实例 071.prproj		视频教学:	视频 / 第 5 章 / 调节音量关键帧 .mp4
难易程度:	★★★☆☆	学习时间: 2 分 45 秒	实例要点:	调节音量关键帧

步骤1 运行 Premiere Pro CC 2017，新建一个项目，命名为"实例 071.prproj"，新建一个序列，选择预设"HDV 720p25"。

步骤2 在"项目"窗口中导入音频素材文件，拖至时间线窗口相应的轨道中，展开音频波形，如图 5-1 所示。

步骤3 拖曳当前指针到 20 帧，选择"波纹编辑工具" ，拖曳素材的首端向后对齐当前指针，如图 5-2 所示。

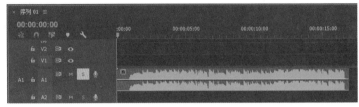

图 5-1 添加音频到时间线

步骤4 设置当前时间为 00:00:01:10，选择"钢笔工具" ，在时间线窗口的音频轨道中单击，添加关键帧，如图 5-3 所示。

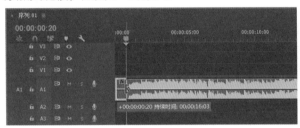

图 5-2 执行波纹编辑

图 5-3 添加关键帧

步骤5 向下拖曳关键帧，调低音量，如图 5-4 所示。

步骤6 在音频的开始处单击并向下拖曳，添加关键帧，这样就创建了音频淡入的效果，如图 5-5 所示。

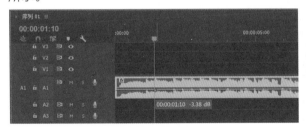

图 5-4 调整关键帧

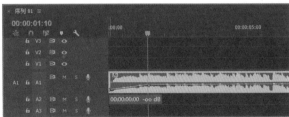

图 5-5 添加关键帧

步骤7 激活"效果控件"面板，拖曳当前指针到 14 秒 05 帧，单击"音量"栏中级别左侧的"添加 / 移除关键帧"按钮，添加第三个关键帧，如图 5-6 所示。

图 5-6 再次添加关键帧

步骤8 拖曳当前指针到音频素材的末端，向下调整"级别"的数值，如图 5-7 所示。

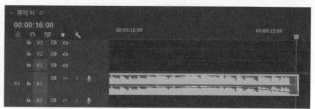

图5-7　调整参数

步骤9 查看时间线窗口中音频的淡入淡出，如图 5-8 所示。

图5-8　音频的淡入淡出

步骤10 按住 Ctrl 键，在时间线窗口中光标靠近音量关键帧时，变成角标按钮，单击关键帧，调整运动曲线句柄，改变曲线插值方式，如图 5-9 所示。

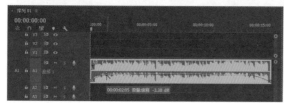

图5-9　改变曲线插值方式

 提示

音频的淡入淡出可以通过添加音频过渡效果来实现。

步骤11 保存项目文件，在"节目监视器"窗口中观看效果。

实例072　调节音频的速度

案例文件：	工程 / 第 5 章 / 实例 072.prproj			视频教学：	视频 / 第 5 章 / 调节音频的速度 .mp4
难易程度：	★★★☆☆	学习时间：	1 分 28 秒	实例要点：	调整素材长度和调整速率

步骤1 运行 Premiere Pro CC 2017，新建一个项目，命名为"实例 072.prproj"，新建一个序列，选择预设"HDV 720p25"。

步骤2 在"项目"窗口中导入音频素材文件，拖至时间线窗口相应的轨道中，展开音频波形，如图 5-10 所示。

步骤3 在时间线窗口的音频素材上单击鼠标右键，在弹出的快捷菜单中选择"速度 / 持续时间"命令，在弹出的对话框中设置持续时间的数值，如图 5-11 所示。

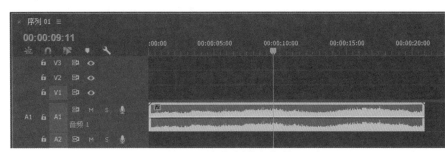

图 5-10　导入素材到时间线　　　　　　　图 5-11　调整素材速度

步骤 4　单击"确定"按钮，在时间线窗口中音频素材缩短了一半，速度变快了两倍，如图 5-12 所示。

步骤 5　通过监听，当加快或减慢音频的速率，就会发生音调的改变。在时间线窗口的音频素材上单击鼠标右键，在弹出的快捷菜单中选择"速度 / 持续时间"命令，在弹出的对话框中勾选"保持音频音调"复选框，如图 5-13 所示。

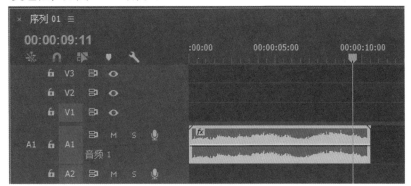

图 5-12　加快素材速度　　　　　　　　　图 5-13　保持音频音调

步骤 6　通过监听，变快速率的音频基本保持了原来的音调，保存项目文件。

实例073　山谷回声效果

案例文件：	工程 / 第 5 章 / 实例 073.prproj		视频教学：	视频 / 第 5 章 / 山谷回声效果 .mp4
难易程度：	★★★☆☆	学习时间：	2 分 49 秒	实例要点：	音频延迟效果的应用

步骤 1　运行 Premiere Pro CC 2017，新建一个项目，命名为"实例 073.prproj"，新建一个序列，选择预设"HDV 720p25"。

步骤 2　在"项目"窗口中导入音频素材文件，设置入点和出点分别为 12 帧和 6 秒 05 帧，拖至时间线窗口相应的轨道中，展开音频波形，如图 5-14 所示。

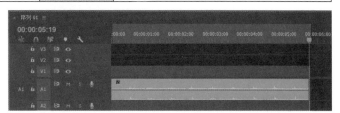

图 5-14　添加素材到时间线 1

步骤 3　导入视频素材"水滴 .mp4"，设置入点和出点分别为 1 秒 13 帧和 7 秒 10 帧，将该文件拖至时间线窗口的 V1 轨道中，如图 5-15 所示。

图 5-15　添加视频到时间线 2

步骤4 在时间线窗口的视频素材上单击鼠标右键，在弹出的快捷菜单中选择"速度/持续时间"命令，在弹出的"剪辑速度/持续时间"对话框中调整速度的数值，如图 5-16 所示。

图 5-16　调整视频素材的速度

步骤5 复制素材"水滴.mp4"并粘贴到 V1 轨道中，使得水滴与音频匹配，如图 5-17 所示。

步骤6 在时间线窗口中为音频素材添加"延迟"滤镜，激活"效果空间"面板，单击"音量"栏中级别左侧的按钮取消记录关键帧，调整级别数值为 6，提高音量，如图 5-18 所示。

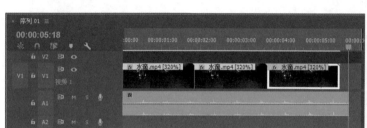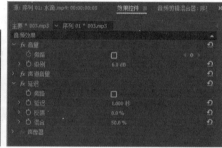

图 5-17　复制素材　　　　　　　　　　　　图 5-18　添加延迟滤镜

步骤7 设置"延迟"栏中的"延迟"为 0.5 秒，"反馈"为 50%，"混合"为 30%，如图 5-19 所示。

步骤8 保存场景，在"节目监视器"窗口中欣赏制作完成的效果。

图 5-19　调整滤镜参数

实例074　消除嗡嗡电流声

案例文件：	工程/第5章/实例074.prproj		视频教学：	视频/第5章/消除嗡嗡电流声.mp4
难易程度：	★★★☆☆	学习时间：	1分55秒	实例要点：	应用"消除嗡嗡声"和"自适应降噪"滤镜

步骤1 运行 Premiere Pro CC 2017，新建一个项目，命名为"实例074.prproj"，新建一个序列，选择预设"HDV 720p25"。

步骤2 在"项目"窗口中导入音频素材文件"004.wav"，这是一段在普通工作间里录制的教学配音，存在杂音和电流声的缺陷，拖曳该素材至时间线窗口的 A1 轨道中，展开音频波形，如图 5-20 所示。

步骤3 在时间线窗口中为音频文件添加"消除嗡嗡声"滤镜，如图 5-21 所示。

步骤4 激活"效果控件"面板，在"消除嗡嗡声"栏中单击"自定义设置"右侧的"编辑"按钮，弹出"剪辑效果编辑器"对话框，如图 5-22 所示。

步骤 5 调整"谐波数"为 6，如图 5-23 所示。

图 5-20 添加素材到时间线

图 5-21 添加滤镜

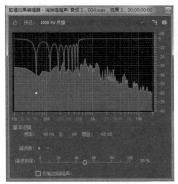

图 5-22 剪辑效果编辑器

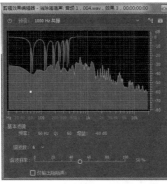

图 5-23 调整滤镜参数

步骤 6 添加"自适应降噪"滤镜，接受默认值即可，如图 5-24 所示。

图 5-24 添加滤镜

步骤 7 保存场景，在"节目监视器"窗口中欣赏制作完成的效果。

实例075 室内混响效果

案例文件：	工程 / 第 5 章 / 实例 075.prproj		视频教学：	视频 / 第 5 章 / 室内混响效果 .mp4
难易程度：	★★★☆☆	学习时间： 1 分 41 秒	实例要点：	添加"室内混响"滤镜并选择合适的预设

步骤 1 运行 Premiere Pro CC 2017，新建一个项目，命名为"实例 075.prproj"，新建一个序列，选择预设"HDV 720p25"。

步骤 2 在"项目"窗口中导入音频素材文件"005.wav"，拖至时间线窗口相应的轨道中，展开音频波形，如图 5-25 所示。

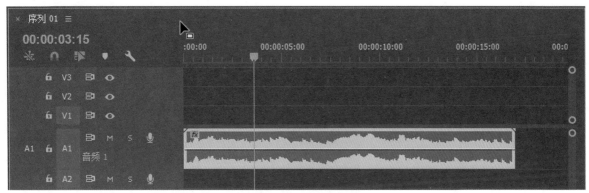

图 5-25 添加素材到时间线

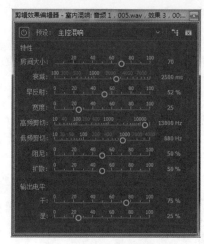

步骤 3 确定"室内混响效果 .wav"文件处于选中状态，为其添加"室内混响"滤镜，如图 5-26 所示。

步骤 4 激活"效果空间"面板，单击"室内混响"栏中"自定义设置"右侧的"编辑"按钮，弹出"剪辑效果编辑器"面板，如图 5-27 所示。

图 5-26 添加滤镜

图 5-27 剪辑效果编辑器

步骤 5 选择预设，如图 5-28 所示。

步骤 6 手动调整个别参数，如图 5-29 所示。

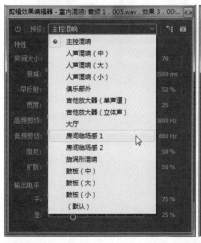

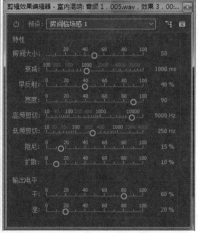

图 5-28 选择特效预设

图 5-29 设置特效参数

步骤 7 保存场景，在"节目监视器"窗口中欣赏制作完成的效果。

实例076 均衡器优化高低音

案例文件：	工程 / 第 5 章 / 实例 076.prproj		视频教学：	视频 / 第 5 章 / 均衡器优化高低音 .mp4
难易程度：	★★★★☆	学习时间： 3 分 08 秒	实例要点：	"参数均衡器"滤镜

步骤 1 运行 Premiere Pro CC 2017，新建一个项目，命名为"实例 076.prproj"，新建一个序列，选择预设"HDV 720p25"。

步骤 2 在"项目"窗口中导入音频素材文件"006.wav"，拖至时间线窗口相应的轨道中，展开音频波形，如图 5-30 所示。

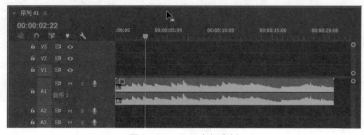

图 5-30 导入音频素材

步骤 3 为音频素材添加"参数均衡器"滤镜，如图 5-31 所示。

步骤 4 激活"效果控件"面板，单击展开"参数均衡器"栏中"自定义设置"右侧的"编辑"按钮，弹出"剪辑效果编辑器"面板，如图 5-32 所示。

图 5-31 添加滤镜

步骤 5 直接调节 L、1、2、3、4、5 或者 H 控制点的位置或者调整相应的数值，如图 5-33 所示。

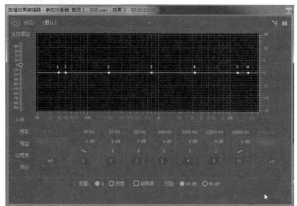

图 5-32 剪辑效果编辑器

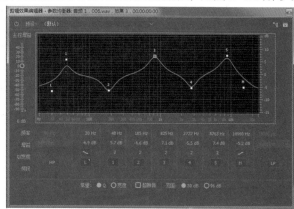

图 5-33 调整均衡器

步骤 6 也可以选择预设，快速调整相应的参数，如图 5-34 所示。

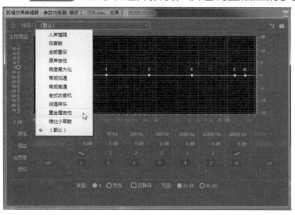

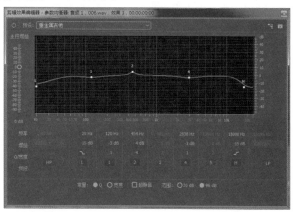

图 5-34 设置特效参数

步骤 7 如果选择预设的话，也可以在"效果控件"面板中进行快速选择预设项，如图 5-35 所示。

步骤 8 关闭编辑器，单击播放按钮▶监听音乐的效果，保存场景。

实例077 左右声道渐变转化

案例文件：	工程 / 第 5 章 / 实例 077.prproj		
难易程度：	★★★☆☆	学习时间：	1 分 42 秒
视频教学：	视频 / 第 5 章 / 左右声道渐变转化 .mp4		
实例要点：	"声道音量"特效的应用		

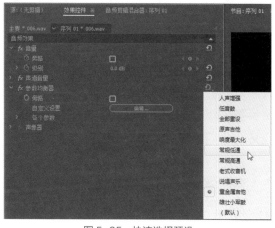

图 5-35 快速选择预设

步骤1 运行 Premiere Pro CC 2017，新建一个项目，命名为"实例077.prproj"，新建一个序列，选择预设"HDV 720p25"。

步骤2 在"项目"窗口中导入音频素材文件"007.wav"，拖至时间线窗口相应的轨道中，展开音频波形，如图 5-36 所示。

步骤3 确定当前时间为 00:00:00:00，激活"效果控件"面板，在"声道音量"栏中设置"左"为 0、"右"为 -5，分别单击它们左侧的"切换动画"按钮，如图 5-37 所示。

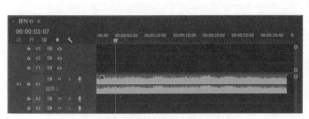

图 5-36 添加素材到时间线

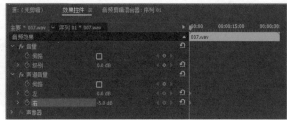

图 5-37 设置第 1 个关键帧

步骤4 设置当前时间为 00:00:10:00，设置"左"、"右"的值分别为 -5、0，如图 5-38 所示。

步骤5 设置当前时间为 00:00:16:15，设置"左"的值分别为 0，如图 5-39 所示。

图 5-38 设置第 2 个关键帧

图 5-39 添加关键帧

步骤6 保存设置完成的场景，然后在"节目监视器"窗口中欣赏效果。

实例078 普通音乐中交响乐效果

案例文件：	工程 / 第 5 章 / 实例 078.prproj		视频教学：	视频 / 第 5 章 / 普通音乐中交响乐效果 .mp4
难易程度：	★★★☆☆	学习时间：	1 分 15 秒	实例要点： "卷积混响"滤镜的应用

步骤1 运行 Premiere Pro CC 2017，新建一个项目，命名为"实例078.prproj"，新建一个序列，选择预设"HDV 720p25"。

步骤2 在"项目"窗口中导入音频素材文件"008.wav"，拖曳至时间线窗口的 A1 轨道中，展开音频波形，如图 5-40 所示。

步骤3 为音频素材添加"Convolution Reverb 卷积混响"滤镜，激活"效果控件"面板，单击"自定义设置"右侧的"编辑"按钮，弹出"剪辑效果编辑器"面板，如图 5-41 所示。

步骤4 选择合适的预设，如图 5-42 所示。

步骤5 播放节目，监听音乐效果，可以随时调整相应参数，如图 5-43 所示。

步骤6 选择"脉冲"选项，并设置相应的参数，如图 5-44 所示。

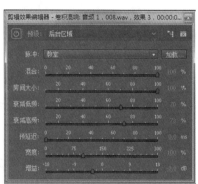

图 5-40　导入音频素材　　　　　　　　　　图 5-41　剪辑效果编辑器

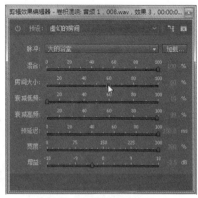

图 5-42　选择预设　　　　　　　　　　　　图 5-43　调整特效参数

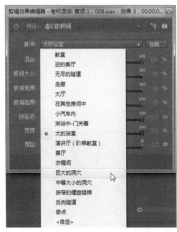

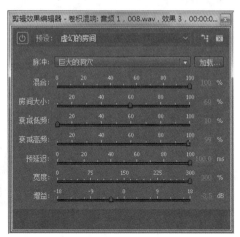

图 5-44　选择"脉冲"选项

步骤 7　播放节目，监听音乐效果，保存设置完成的场景。

实例079　超重低音效果

案例文件：	工程 / 第 5 章 / 实例 079.prproj	视频教学：	视频 / 第 5 章 / 超重低音效果 .mp4
难易程度：	★★★☆☆	学习时间：	2 分 19 秒	实例要点：	"低通"和"低音"特效应用

步骤 1　运行 Premiere Pro CC 2017，新建一个项目，命名为"实例 079.prproj"，新建一个序列，选择预设"HDV 720p25"。

步骤 2 在"项目"窗口中导入音频素材文件"009.wav",拖至时间线窗口的 A1 轨道中,展开音频波形,如图 5-45 所示。

步骤 3 播放节目监听音量过高,如图 5-46 所示。

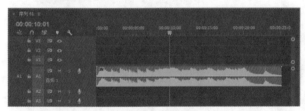 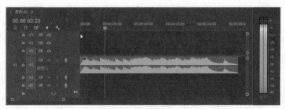

图 5-45　添加素材到时间线　　　　　　　　　　　图 5-46　监听声音

提示 正常的音量在音频仪表中主要显示为绿色,在顶部出现红色意味着音量过高。

步骤 4 在"效果控件"面板中降低级别为 −5,如图 5-47 所示。

步骤 5 播放节目监听音量过高,如图 5-48 所示。

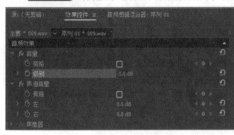

图 5-47　调节音量级别　　　　　　　　　　　　图 5-48　监听声音

步骤 6 添加"低通"滤镜,设置"屏蔽度"参数,如图 5-49 所示。

步骤 7 添加"低音"滤镜,激活"效果控件"面板,设置"提升"为 6,如图 5-50 所示。

步骤 8 分别在 10 秒、15 秒和 20 秒设置"提升"的关键帧,数值分别为 6、7 和 5,如图 5-51 所示。

图 5-49　调整滤镜参数 1

图 5-50　调整滤镜参数 2

图 5-51　设置关键帧

步骤 9 保存设置完成的场景,然后在"节目监视器"窗口中欣赏效果。

实例080　使用调音台调节音轨

案例文件:	工程 / 第 5 章 / 实例 080.prproj		视频教学:	视频 / 第 5 章 / 使用调音台调节音轨 .mp4
难易程度:	★★★★☆	学习时间:	3 分 25 秒	实例要点:	使用调音台调节音轨并记录关键帧

步骤 1 运行 Premiere Pro CC 2017，新建一个项目，命名为"实例080.prproj"，新建一个序列，选择预设"HDV 720p25"。

步骤 2 在"项目"窗口中导入音频素材文件"010.wav"和"连拍唱词字幕 01.wav"，拖至时间线窗口相应的轨道中，展开音频波形，如图 5-52 所示。

步骤 3 激活"音轨混合器"面板，将A1轨道上的自动模式选择为"写入"，如图 5-53 所示。

步骤 4 拖曳当前指针到序列的起点，单击播放按钮，注意在监听的同时，当指针靠近5 秒时向下拖拉 A1 轨道上的滑块，大约在 9 秒半左右拖曳到 -13，如图 5-54 所示。

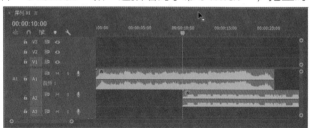

图 5-52 添加素材到时间线

步骤 5 当指针走完A1轨道的素材末端，单击停止播放按钮，自动模式由"写入"转变为"触动"，如图 5-55 所示。

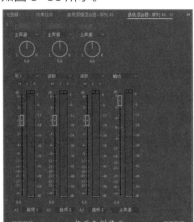
图 5-53 音轨混合器

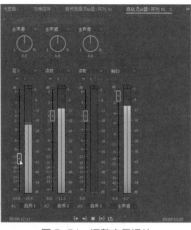
图 5-54 调整音量滑块

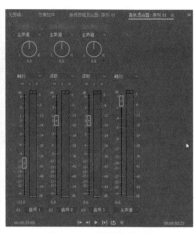
图 5-55 音轨模式变化

步骤 6 拖曳当前指针回到序列的起点，单击播放按钮，监听并查看"音轨混合器"面板中的 A1 轨道的滑块由上向下的运动情况，如图 5-56 所示。

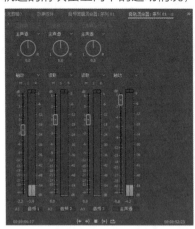
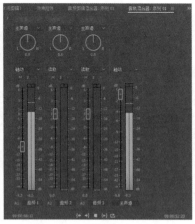

图 5-56 音轨滑块自动变化

步骤 7 下面再来看另一种自动记录音频关键帧的方法。激活"音频剪辑混合器"面板，拖曳 A2 轨道的音量滑块至最低端，单击"写关键帧"按钮，如图 5-57 所示。

步骤8　确定当前时间为序列的起点，按下空格键开始播放，10 秒时向上推音量滑块，会在时间线窗口中看到音量的运动曲线，这样就创建了 A2 轨道上的音乐淡入的效果，如图 5-58 所示。

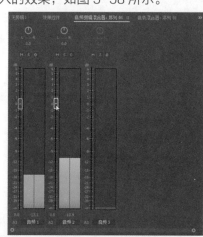

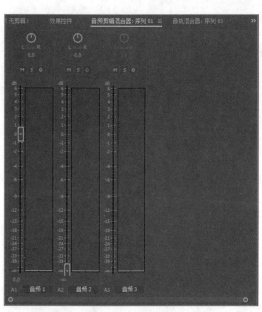

图 5-57　调整音轨

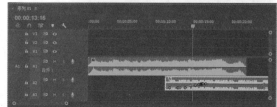

图 5-58　创建音轨关键帧

步骤9　在时间线窗口可以删除和移动音频的关键帧，如图 5-59 所示。

步骤10　激活"音轨混合器"面板，将"主声道"轨上自动模式选择"关"，将滑块稍向下拖动至 -3，降低整体输出的音量，如图 5-60 所示。

步骤11　保存项目文件，在"节目监视器"窗口中欣赏效果。

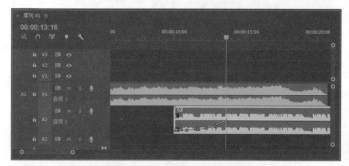

图 5-59　调整音轨关键帧

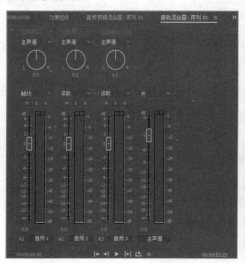
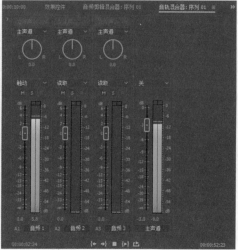

图 5-60　调整整体输出的音量

第 6 章

视频合成技巧

随着计算机硬件的快速发展，视频合成不再停留在只可想象的层面上，而成为影视后期流程中很重要的部分。所谓的合成就是将不同的元素进行艺术性组合和再加工，以获得新的视听感觉，这对于后期制作师来说也具有比较高的要求，不仅体现在色彩和构图方面，也需要更具创意性的思维和切实可行的手段来实现。

本章实例主要运用了"效果"面板中常用的键特效和混合技巧，创建不同视频素材组合在一起的效果，熟练地运用合成特效是制作复杂视频内容的前提。

本章重点

■渐变转场 　　　■应用蒙版 　　　■视频画中画 　　　■轨道叠加

■轨道遮罩键 　　■文字蒙版 　　　■墨滴喷溅 　　　　■更换天空背景

■抠像技巧 　　　■BCC 抠像插件

实例081 渐变转场

案例文件：	工程 / 第 6 章 / 实例 081.prproj	视频教学：	视频 / 第 6 章 / 渐变转场 .mp4
难易程度：	★★★★☆　学习时间：　3 分 08 秒	实例要点：	渐变过渡特效的应用

本实例的最终效果如图 6-1 所示。

图 6-1　渐变转场效果

步骤 1　运行 Premiere Pro CC 2017，新建一个项目，命名为"实例 081.prproj"，新建一个序列，选择预设"HDV 720p25"。

步骤 2　在"项目"窗口中导入视频素材文件"航拍河 .mp4"，拖曳到时间线窗口中的 V1 轨道上，如图 6-2 所示。

步骤 3　拖曳当前指针到 5 秒，在"项目"窗口中导入素材"日落飞鸟 .mp4"，拖曳该素材到 V1 轨道上，起点与当前指针对齐，如图 6-3 所示。

图 6-2　将素材添加到时间线

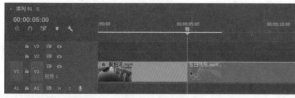

图 6-3　添加素材到时间线

步骤 4　在工具栏中选择"波纹编辑工具" ，在时间线窗口中单击并拖曳素材"落日飞鸟 .mp4"的首端，如图 6-4 所示。

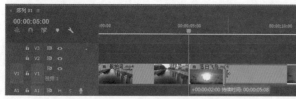

图 6-4　调整素材的入点

步骤 5　添加"擦除"组中的"渐变擦除"过渡特效到两个素材的中间，弹出"渐变擦除设置"对话框，单击"选择图像"按钮，选择图片"墨迹 02.jpg"，如图 6-5 所示。

图 6-5　设置渐变擦除

步骤 6 单击"确定"按钮关闭"渐变擦除设置"对话框，在时间线上就添加了过渡特效，图 6-6 所示。

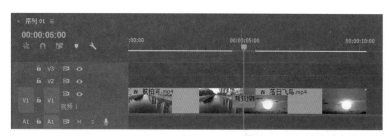

图 6-6　添加擦除过渡特效

步骤 7 在时间线窗口中拖曳擦除过渡的末端延长时间，如图 6-7 所示。

步骤 8 在"效果控件"面板中单击"自定义"按钮，设置渐变擦除的参数，如图 6-8 所示。

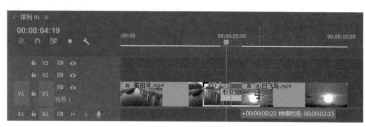

图 6-7　调整过渡时长

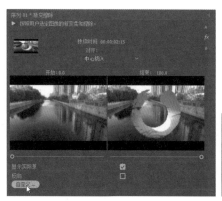

步骤 9 单击"确定"按钮关闭"渐变擦除设置"对话框，保存场景，在"节目监视器"窗口中观看效果。

图 6-8　设置擦除柔和度

实例082　应用蒙版

案例文件：	工程 / 第 6 章 / 实例 082.prproj	视频教学：	视频 / 第 6 章 / 应用蒙版 .mp4
难易程度：	★★★★☆	学习时间：	8 分 34 秒	实例要点：	蒙版工具和位置关键帧

本实例的最终效果如图 6-9 所示。

图 6-9　应用蒙版效果

步骤 1 运行 Premiere Pro CC 2017, 新建一个项目, 命名为 "实例 082.prproj", 新建一个序列, 选择预设 "HDV 720p25"。

步骤 2 在 "项目" 窗口中导入素材文件 "飞机 .mp4" 和 "举手 .mp4", 并拖曳到时间线上相应的视频轨道中, 如图 6-10 所示。

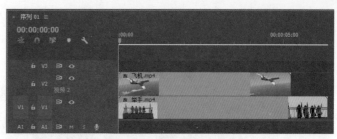

图 6-10 添加素材到时间线

步骤 3 在工具栏中选择 "比率拉伸工具" , 在时间线上单击并拖曳 "飞机 .mp4" 的末端, 与 "举手 .mp4" 对齐, 如图 6-11 所示。

步骤 4 拖曳当前指针到序列的起点, 激活 "效果控件" 面板, 在 "不透明度" 栏中选择 "钢笔工具", 在 "节目预览" 窗口中围着飞机的轮廓绘制蒙版, 如图 6-12 所示。

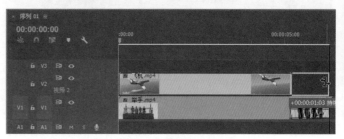

图 6-11 拉伸素材长度

图 6-12 绘制蒙版

步骤 5 放大显示 "节目预览" 窗口, 仔细调整蒙版的形状, 尽可能与飞机的轮廓对齐, 在 "效果控件" 面板中调整蒙版的参数, 如图 6-13 所示。

图 6-13 调整蒙版形状和参数

步骤 6 在 "效果控件" 面板中, 激活 "蒙版路径" 左侧的 "切换动画" 按钮, 激活关键帧, 如图 6-14 所示。

步骤 7 拖曳当前指针到素材的最后一帧, 在 "节目监视器" 窗口中调整蒙版形状, 再创建一个形状关键帧, 如图 6-15 所示。

图 6-14 创建蒙版路径关键帧

图 6-15 调整蒙版形状

步骤 8 拖曳当前指针，查看蒙版与飞机轮廓的匹配状况，在不太贴切的位置就需要调整蒙版形状，例如在 2 秒 20 帧添加了一个关键帧，如图 6-16 所示。

步骤 9 拖曳当前指针，查看蒙版与飞机轮廓的匹配状况，添加了更多的关键帧，如图 6-17 所示。

图 6-16 调整蒙版形状

图 6-17 添加更多关键帧

步骤 10 在"效果控件"面板中选择"混合模式"为"强光"，调整"位置"和"缩放"参数，如图 6-18 所示。

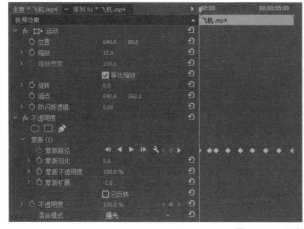

图 6-18 调整运动参数

步骤11 在序列的起点，激活"位置"关键帧，然后拖曳当前指针到序列的终点，在"节目预览"窗口中拖曳飞机到右上角，创建飞机飞行的动画效果，如图 6-19 所示。

步骤12 取消"不透明度"的关键帧，调整其数值为 75%，如图 6-20 所示。

步骤13 保存场景，在"节目监视器"窗口中观看效果。

图 6-19　创建位置关键帧

图 6-20　调整不透明度

实例083　视频画中画

案例文件：	工程 / 第 6 章 / 实例 083.prproj		视频教学：	视频 / 第 6 章 / 视频画中画 .mp4
难易程度：	★★★☆☆	学习时间：5 分 26 秒	实例要点：	应用"裁剪"特效和矩形

本实例的最终效果如图 6-21 所示。

图 6-21　视频画中画效果

步骤1 运行 Premiere Pro CC 2017，新建一个项目，命名为"实例 083.prproj"，新建一个序列，选择预设"HDV 720p25"。

步骤2 在"项目"窗口中导入素材文件"摄像机 .mp4"、"开花 .mp4"和"开红花 .mp4"，并拖曳到时间线窗口的相应轨道中，如图 6-22 所示。

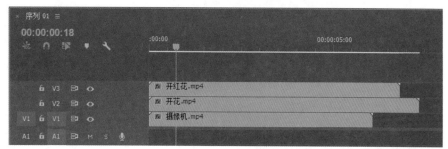

图 6-22　导入素材

步骤 3　在时间线窗口中选择 V3 轨道上的素材"开红花 .mp4"，在"效果控件"面板中调整"位置"和"缩放"参数，如图 6-23 所示。

图 6-23　调整运动参数

步骤 4　为该素材添加视频效果"变换"组中的"裁剪"滤镜，如图 6-24 所示。

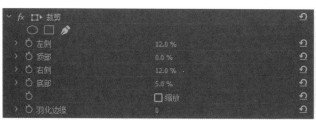

图 6-24　应用裁剪滤镜

步骤 5　在"节目监视器"窗口中单击鼠标右键，在弹出的快捷菜单中选择"安全边距"命令，显示安全框，如图 6-25 所示。

步骤 6　在时间线窗口中选中素材"开花 .mp4"，在"效果控件"面板中设置"位置"和"缩放"参数，如图 6-26 所示。

图 6-25　显示安全框

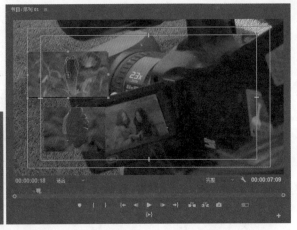

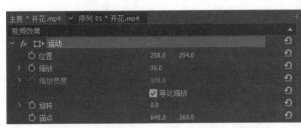

图 6-26　调整运动参数

步骤7　在"效果控件"面板中选择"矩形工具"▢，在"节目预览"窗口中绘制矩形蒙版，设置"蒙版羽化"的数值为 0，如图 6-27 所示。

步骤8　新建一个字幕，绘制矩形，设置填充和描边参数，如图 6-28 所示。

步骤9　从"项目"窗口中拖曳"字幕 01"到时间线窗口的 V4 轨道中，调整各轨道中的素材末端对齐，如图 6-29 所示。

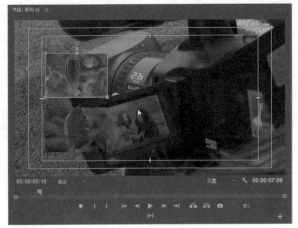

图 6-27　绘制矩形蒙版

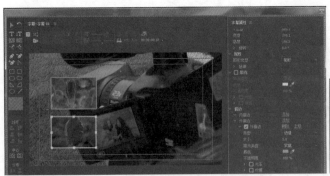

图 6-28　创建矩形图形

图 6-29　调整素材时长

步骤10　在"节目监视器"窗口中单击鼠标右键，在弹出的快捷菜单中取消勾选"安全区域"命令，保存场景，在"节目监视器"窗口中观看效果。

实例084　轨道叠加

案例文件：	工程 / 第 6 章 / 实例 084.prproj		视频教学：	视频 / 第 6 章 / 轨道叠加 .mp4
难易程度：	★★★☆☆	学习时间：　4 分 04 秒	实例要点：	应用混合模式和不透明蒙版

本实例的最终效果如图 6-30 所示。

图 6-30　轨道叠加效果

步骤 1　运行 Premiere Pro CC 2017，新建一个项目，命名为"实例 084.prproj"，新建一个序列，选择预设"HDV 720p25"。

步骤 2　在"项目"窗口中导入素材文件"航拍河 .mp4"和"流光 .mp4"，并拖曳到时间线窗口的相应视频轨道中，如图 6-31 所示。

步骤 3　选择 V2 轨道中的素材，激活"效果控件"面板，在"不透明度"栏中选择"混合模式"为"滤色"，查看节目预览效果，如图 6-32 所示。

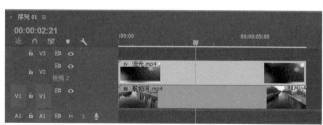

图 6-31　添加素材到时间线

图 6-32　查看节目预览效果

步骤 4　在"效果控件"面板中选择"椭圆形蒙版"工具 ⬤，在"节目预览"窗口中绘制椭圆形蒙版，调整大小并设置蒙版羽化值，如图 6-33 所示。

图 6-33　绘制椭圆形蒙版

步骤 5 在"项目"窗口中导入素材文件"流动的云 .mp4"，拖曳到时间线窗口的 V3 轨道中，在"效果控件"面板中调整"位置"和"缩放"的参数，如图 6-34 所示。

图 6-34 调整运动参数

步骤 6 选择"混合模式"为"滤色"，设置"不透明度"的数值为 75%，如图 6-35 所示。

图 6-35 设置不透明属性

步骤 7 选择"钢笔工具" ，在"节目预览"窗口中绘制蒙版，并设置蒙版参数，如图 6-36 所示。

图 6-36 绘制蒙版

步骤 8 保存场景，在"节目监视器"窗口中观看效果。

实例085 轨道遮罩键

案例文件：	工程 / 第 6 章 / 实例 085.prproj		视频教学：	视频 / 第 6 章 / 轨道遮罩键 .mp4
难易程度：	★★★★☆	学习时间：	2 分 29 秒	实例要点：	应用轨道遮罩键特效

本实例的最终效果如图 6-37 所示。

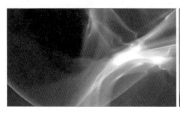

图 6-37　轨道遮罩键效果

步骤 1　运行 Premiere Pro CC 2017，新建一个项目，命名为"实例 085.prproj"，新建一个序列，选择预设"HDV 720p25"。

步骤 2　在"项目"窗口中导入素材文件"河传 08.jpg"，拖曳到时间线窗口的 V1 视频轨道中，设置时长为 8 秒，如图 6-38 所示。

步骤 3　在"项目"窗口中导入视频素材文件"光效 2.mp4"，拖曳到时间线窗口的 V2 视频轨道中，调整素材的末端与 V1 素材对齐，如图 6-39 所示。

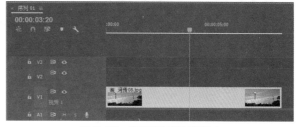

图 6-38　添加素材到时间线 1

步骤 4　在"项目"窗口中导入视频素材文件"舞蹈 .mp4"，拖曳到时间线窗口的 V3 视频轨道中，调整素材的末端与 V1 素材对齐，如图 6-40 所示。

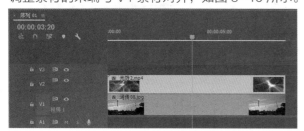

图 6-39　添加素材到时间线 2

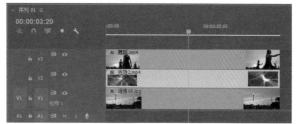

图 6-40　添加素材到时间线 3

步骤 5　在时间线窗口中选择 V2 轨道中的素材，添加视频效果"键控"组中的"轨道遮罩键"滤镜，在"效果控件"面板中设置该滤镜参数，如图 6-41 所示。

图 6-41　添加滤镜并设置参数

步骤 6　在时间线窗口的 V3 轨道的素材上单击鼠标右键，在弹出的快捷菜单中选择"嵌套"命令，在弹出的对话框中直接单击"确定"按钮，如图 6-42 所示。

步骤 7　在时间线窗口中双击"嵌套序列 01"打开其时间线，选择素材"舞蹈 .mp4"，在"效果控件"面板中设置缩放的参数值为 68%。

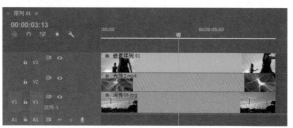

图 6-42　执行嵌套序列

步骤8 为素材添加视频效果"调整"组中的"提取"滤镜，如图 6-43 所示。

图 6-43 添加滤镜并设置参数

步骤9 在时间线窗口中激活"序列 01"的时间线，选择 V2 轨道中的素材，在"效果控件"面板中调整"缩放"的数值为 68%，如图 6-44 所示。

图 6-44 调整运动参数

步骤10 保存场景，在"节目监视器"窗口中观看效果。

实例086 文字蒙版

案例文件：	工程 / 第 6 章 / 实例 086.prproj		视频教学：	视频 / 第 6 章 / 文字蒙版 .mp4
难易程度：	★★★☆☆	学习时间： 4 分 22 秒	实例要点：	创建字幕并应用"轨道遮罩键"

本实例的最终效果如图 6-45 所示。

图 6-45 文字蒙版效果

步骤1 运行 Premiere Pro CC 2017，新建一个项目，命名为"实例 086.prproj"，新建一个序列，选择预设"HDV 720p25"。

步骤2 在"项目"窗口中导入素材文件"河传 05.jpg"，并拖曳到时间线窗口的 V1 轨道中，设置时长为 8 秒，如图 6-46 所示。

步骤3 在"项目"窗口中导入素材文件"穿云破雾 .mp4"，并拖曳到时间线窗口的 V2 轨道中，如图 6-47 所示。

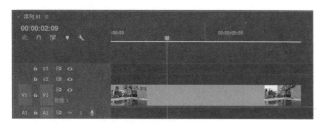

图 6-46　将素材添加到时间线

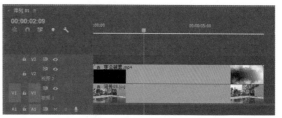

图 6-47　添加素材到时间线

步骤 4　在"项目"窗口空白处单击鼠标右键，在弹出的快捷菜单中选择"新建项目"|"标题"命令，打开字幕编辑器，创建一个新的字幕，如图 6-48 所示。

图 6-48　创建字幕

步骤 5　从"项目"窗口添加字幕到时间线窗口的 V3 轨道中，延长末端与其他素材对齐，如图 6-49 所示。

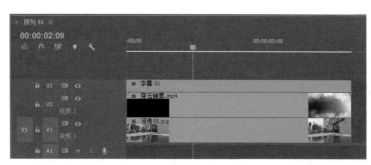

图 6-49　添加字幕到时间线

步骤 6　选择 V2 轨道中的素材，添加"轨道遮罩键"滤镜，设置相关参数，如图 6-50 所示。

图 6-50　应用轨道遮罩键滤镜

步骤 7 选择 V3 轨道中的"字幕 01",在"效果控件"面板中分别在起点和 3 秒处设置"位置"和"缩放"的关键帧,如图 6-51 所示。

图 6-51 设置运动关键帧

步骤 8 分别在 3 秒和 5 秒设置"不透明度"的关键帧,数值为 100 和 0,创建字幕淡出的动画效果。

步骤 9 在"效果控件"面板中拖曳"位置"和"缩放"的第二个关键帧到 5 秒,与"不透明度"的第二个关键帧对齐,如图 6-52 所示。

步骤 10 保存场景,在"节目监视器"窗口中观看效果。

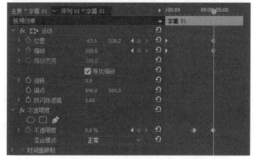

图 6-52 调整关键帧位置

实例087 墨滴喷溅

案例文件:	工程 / 第 6 章 / 实例 087.prproj		视频教学:	视频 / 第 6 章 / 墨滴喷溅 .mp4
难易程度:	★★★☆☆	学习时间:	10 分 07 秒	实例要点: 应用"轨道遮罩键"特效

本实例的最终效果如图 6-53 所示。

图 6-53 墨滴喷溅效果

步骤 1 运行 Premiere Pro CC 2017,新建一个项目,命名为"实例 087.prproj",新建一个序列,选择预设"HDV 720p25"。

步骤 2 在"项目"窗口中导入素材文件"河传 05.jpg",并拖曳到时间线窗口的 V1 轨道中,设置时长为 10 秒,如图 6-54 所示。

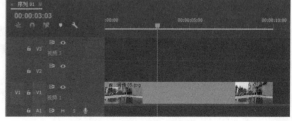

图 6-54 添加素材到时间线 1

步骤3　在"项目"窗口中导入素材文件"摄影 04.jpg"，并拖曳到时间线窗口的 V2 轨道中，如图 6-55 所示。

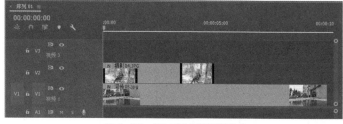

图 6-55　添加素材到时间线 2

步骤4　在"项目"窗口中导入素材文件"墨滴 01.jpg"，并拖曳到时间线窗口的 V3 轨道中，如图 6-56 所示。

步骤5　在时间线窗口中选择 V2 轨道的素材，添加"轨道遮罩"滤镜并设置参数，如图 6-57 所示。

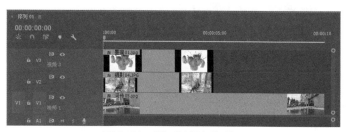

图 6-56　添加素材到时间线 3

步骤6　在时间线窗口中 V3 轨道的素材上单击鼠标右键，在弹出的快捷菜单中选择"嵌套"命令，然后双击打开该嵌套序列。新建一个白色的颜色遮罩放置于 V2 轨道中，如图 6-58 所示。

图 6-57　添加滤镜并设置参数

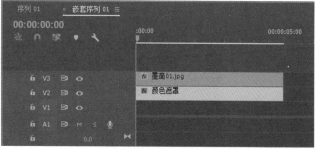

图 6-58　添加颜色遮罩

步骤7　在时间线窗口中选择 V3 轨道中的素材，添加"色阶"滤镜，调整亮度和对比度，如图 6-59 所示。

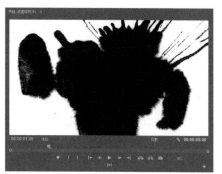

图 6-59　调整色阶

步骤8　在"效果控件"面板中分别在起点和 2 秒处设置"缩放"的关键帧，数值分别为 2% 和 200%，如图 6-60 所示。

步骤9 激活"序列 01"，选择 V2 轨道中的素材，在"效果控件"面板中分别在起点和 3 秒处设置"缩放"的关键帧，数值分别为 100% 和 120%；分别在 2 秒和 3 秒处设置"不透明度"的关键帧，数值分别为 100 和 0，如图 6-61 所示。

图 6-60　添加关键帧

步骤10 采用上面同样的方法，再添加两张图片和墨滴显现的动画，如图 6-62 所示。

图 6-61　再次添加关键帧

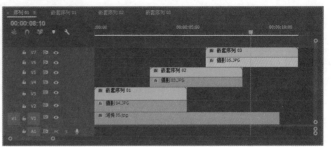

图 6-62　添加素材到时间线

步骤11 保存场景，在"节目监视器"窗口中观看效果。

实例088　更换天空背景

案例文件：	工程 / 第 6 章 / 实例 088.prproj			视频教学：	视频 / 第 6 章 / 更换天空背景 .mp4
难易程度：	★★★★☆	学习时间：	4 分 22 秒	实例要点：	应用"基本 3D"滤镜和不透明蒙版

本实例的最终效果如图 6-63 所示。

图 6-63　更换天空效果

步骤1 运行 Premiere Pro CC 2017，新建一个项目，命名为"实例 088.prproj"，新建一个序列，选择预设"HDV 720p25"。

步骤2 在"项目"窗口中导入素材文件"公园 .avi"，并拖曳到时间线窗口的 V1 轨道上，弹出对话框，如图 6-64 所示。

步骤3 单击"更改序列设置"按钮，添加素材到视频轨道中，如图 6-65 所示。

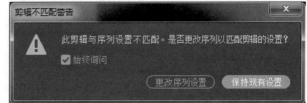

图 6-64　"剪辑不匹配警告"对话框

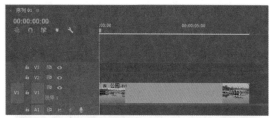

图 6-65　添加素材到时间线

步骤 4　接下来为公园的上空添加白云。在"项目"窗口中导入图片素材"天空 02.jpg"，拖曳到时间线窗口的 V2 轨道中，并延长时长与"公园 .avi"对齐，如图 6-66 所示。

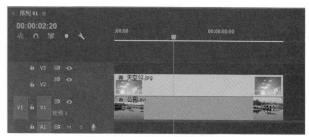

图 6-66　添加素材到视频轨道

步骤 5　在时间线窗口中选择"天空 02.jpg"，激活"效果控件"面板，设置"位置"、"缩放"和"不透明度"参数，如图 6-67 所示。

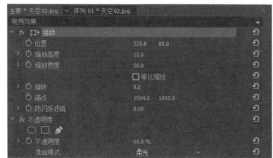

图 6-67　设置运动参数

步骤 6　确定当前时间指针在序列的起点，选择"钢笔工具"，在"节目预览"窗口中绘制蒙版，并设置蒙版参数，如图 6-68 所示。

图 6-68　绘制蒙版

步骤7 添加"基本3D"滤镜，设置"与图像的距离"和"位置"的关键帧，拖曳当前指针到序列的终点，调整"与图像的距离"和"位置"的参数值，创建第二个关键帧，模拟天空的推镜头动画，如图6-69所示。

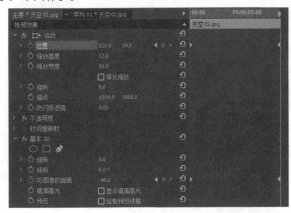

图6-69 设置关键帧

步骤8 复制V2轨道中的素材并粘贴到V3轨道中，在"效果控件"面板中调整"倾斜""锚点"和"不透明度"的数值，如图6-70所示。

图6-70 调整关键帧

步骤9 保存场景，在"节目监视器"窗口中观看效果。

实例089 抠像技巧

案例文件：	工程 / 第6章 / 实例089.prproj		视频教学：	视频 / 第6章 / 抠像技巧 .mp4
难易程度：	★★★★☆	学习时间： 3分36秒	实例要点：	应用"超级键"滤镜

本实例的最终效果如图6-71所示。

图6-71 视频抠像效果

步骤 1 运行 Premiere Pro CC 2017, 新建一个项目, 命名为 "实例089.prproj", 新建一个序列, 选择预设 "HDV 720p25"。

步骤 2 在 "项目" 窗口中导入素材文件 "绿幕女孩.mpg", 设置出点为 3 秒 05 帧, 拖曳至时间线窗口的 V2 轨道中, 激活 "效果控件" 面板, 在 "运动" 区域中调整 "缩放" 参数值为 167%, 如图 6-72 所示。

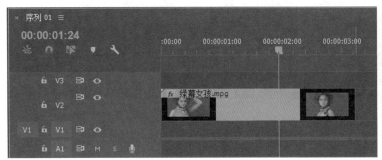

图 6-72 调整画面大小

步骤 3 在 "项目" 窗口中导入素材文件 "操场摇镜.mp4", 拖曳至时间线窗口的 V1 轨道中, 并拖曳素材的末端与 "绿幕女孩.mpg" 对齐, 如图 6-73 所示。

步骤 4 为素材 "绿幕女孩.mpg" 添加 "键控" 组中的 "超级键" 滤镜, 激活 "效果控件" 面板, 单击 "吸管工具" 🖉, 在 "节目监视器" 窗口中的绿色区域单击拾取背景颜色, 如图 6-74 所示。

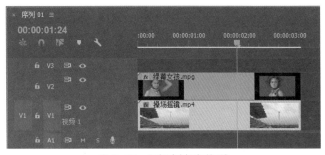

图 6-73 添加素材到时间线

图 6-74 吸取绿色背景

步骤 5 选择 "输出" 项为 "Alpha 通道", 展开 "遮罩生成" 选项栏, 调整参数, 如图 6-75 所示。

图 6-75 设置滤镜参数

步骤 6 在 "遮罩生成" 和 "遮罩清除" 选项栏中调整参数, 如图 6-76 所示。

图 6-76　调整滤镜参数

步骤7　展开"溢出抑制"选项栏，调整"溢出"的数值为 100，如图 6-77 所示。

图 6-77　调整溢出参数

步骤8　展开"颜色校正"选项栏，调整参数，如图6-78所示。

步骤9　保存场景文件，在"节目监视器"窗口中观看效果。

图 6-78　调整亮度

实例090　BCC 抠像插件

案例文件：	工程 / 第 6 章 / 实例 090.prproj		视频教学：	视频 / 第 6 章 /BCC 抠像插件 .mp4
难易程度：	★★★★★	学习时间：　4 分 53 秒	实例要点：	应用抠像插件 BCC Chroma Key 和 BCC Compsite Choker

本实例的最终效果如图 6-79 所示。

图 6-79　BCC 插件抠像效果

步骤 1　运行 Premiere Pro CC 2017，新建一个项目，命名为"实例 090.prproj"，新建一个序列，选择预设"HDV 720p25"。

步骤 2　在"项目"窗口中导入素材文件"蓝屏鸽子.mp4"，拖曳至时间线窗口的 V2 轨道中，如图 6-80 所示。

步骤 3　在"项目"窗口中导入素材文件"老房子.mp4"，拖曳至时间线窗口的 V1 轨道中，调整时长与"蓝屏鸽子"对齐，激活"效果控件"面板，在"运动"区域中调整"缩放"参数值为 67%，如图 6-81 所示。

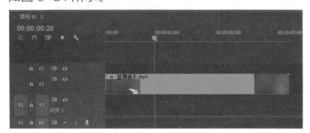

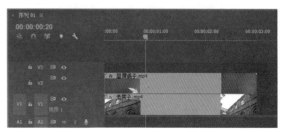

图 6-80　将素材添加到时间线　　　　　　　　　图 6-81　添加素材到时间线

步骤 4　为素材"蓝屏鸽子.mp4"添加 BCC10 key&Blend 组中的 BCC Chroma Key 滤镜，如图 6-82 所示。

图 6-82　应用抠像滤镜

步骤 5　在"效果控件"面板中展开 Compare 选项栏，选择 Compare Mode 选项为 Compare，单击 Color 右侧的"吸管工具"，在"节目监视器"窗口中的蓝色区域单击拾取背景颜色，如图 6-83 所示。

图 6-83　吸取蓝色背景

步骤 6　选择 Compare Mode 选项为 Off、Output 选项为 Show Matte，调整参数，直到鸽子的全身区域都应该是白色，如图 6-84 所示。

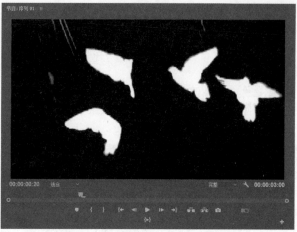

图 6-84　设置滤镜参数

步骤 7 选择 Output 选项为 Composite，展开 Spill Supression 选项栏，调整参数，如图 6-85 所示。

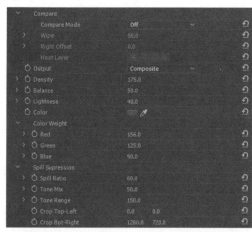

图 6-85　设置参数

步骤 8 添加 BCC Composite Choker 滤镜，在"效果控件"面板中调整参数，去除鸽子边缘的杂色，如图 6-86 所示。

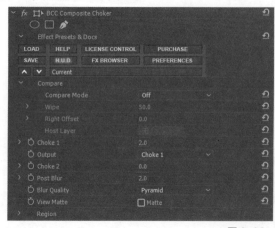

图 6-86　调整滤镜参数

步骤 9 保存场景文件，在"节目监视器"窗口中观看效果。

第 7 章

影视调色

在影视作品中，色调有利于表现对象的情绪、情感和创作者心中的意境，并有利于使影片形成独特的韵味和风格。本章主要对 Premiere Pro CC 2017 中的视频调色滤镜进行介绍，通过调色实例对实拍中出现的一些瑕疵不仅进行完善化处理，同时也可以创建特定的艺术风格。不仅需要读者掌握软件自带的色彩调整滤镜以及多种滤镜的组合运用，更要理解和熟悉比较电影的 Magic Bullet 调色组中的具有不同针对性功能的调色插件，这样一定能获得自己想要的效果，也能在目标明确的流程中提高效率。

本章重点

- LOMO 风格色调
- 招贴画风格
- Magic Bullet Cosmo 润肤
- Magic Bullet Film 电影质感

- 复古色调
- BCC 色彩匹配
- Magic Bullet Mojo 快速调色
- Magic Bullet Looks 调色

- 清新粉色调
- Lumetri 调色预设

实例091 LOMO 风格色调

案例文件：	工程 / 第 7 章 / 实例 091.prproj		视频教学：	视频 / 第 7 章 /LOMO 风格色调 .mp4
难易程度：	★★★★☆	学习时间： 5 分 07 秒	实例要点：	应用"RGB 曲线"和"复合运算"滤镜

本实例的最终效果如图 7-1 所示。

图 7-1　LOMO 风格色调效果

步骤 1　运行 Premiere Pro CC 2017，新建一个项目，命名为"实例 091.prproj"，创建一个序列，选择预设"HDV 720p25"。

步骤 2　在"项目"窗口中导入素材文件"职场女孩.mp4"，并拖曳到时间线窗口的 V1 轨道中，如图 7-2 所示。

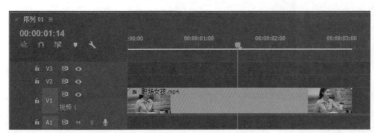

图 7-2　添加素材到时间线

步骤 3　添加"RGB 曲线"滤镜，在"效果控件"面板中调整红色通道的曲线，减少红色，如图 7-3 所示。

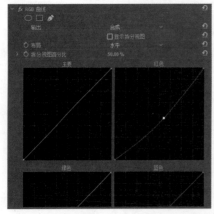

图 7-3　调整曲线形状

步骤 4　添加"通道"组中的"复合运算"滤镜，在"效果控件"面板中设置滤镜参数，如图 7-4 所示。

图 7-4　添加滤镜并设置参数

步骤 5　新建一个颜色遮罩，设置颜色值为 (R49、G89、B90)，并将该颜色图层拖至 V2 轨道上，长度与 V1 轨道上的视频素材对齐，如图 7-5 所示。

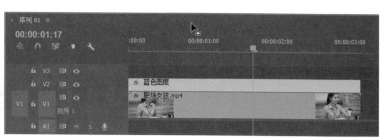

图 7-5　创建颜色遮罩

步骤 6　在"效果控件"面板中设置"不透明度"的数值为 40%，选择"混合模式"为"强光"，如图 7-6 所示。

图 7-6　设置不透明度属性

步骤 7　选择"椭圆形蒙版工具" ，在"节目监视器"窗口中绘制椭圆形遮罩，在"效果控件"面板中设置遮罩参数，如图 7-7 所示。

图 7-7　设置蒙版参数

步骤 8 新建一个"黑场视频"，添加到 V3 轨道上，调整时长与 V1 轨道上的视频素材对齐，如图 7-8 所示。

步骤 9 选择"椭圆形蒙版工具" ，绘制椭圆形蒙版，在"效果控件"面板中勾选"已反转"复选框，调整大小和羽化值，选择"混合模式"为"颜色加深"，如图 7-9 所示。

图 7-8 添加黑场视频到时间线

图 7-9 设置不透明度参数

步骤 10 新建一个调整图层，添加到 V4 轨道上，调整时长与 V1 轨道上的视频素材对齐，如图 7-10 所示。

步骤 11 为调节图层添加"RGB 颜色校正器"滤镜，在"效果控件"面板中调整滤镜参数，如图 7-11 所示。

步骤 12 设置完成后，在"节目监视器"窗口中观看效果。

图 7-10 添加调节图层

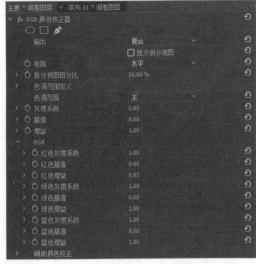

图 7-11 应用颜色校正器滤镜

实例092 复古色调

案例文件：	工程 / 第 7 章 / 实例 092.prproj		视频教学：	视频 / 第 7 章 / 复古色调 .mp4
难易程度：	★★★★☆	学习时间： 5 分 19 秒	实例要点：	应用"三向颜色校正器"和"光照效果"滤镜

本实例的最终效果如图 7-12 所示。

图 7-12 复古色调效果

步骤 1 运行 Premiere Pro CC 2017，新建一个项目，命名为"实例 092.prproj"，创建一个序列，选择预设"HDV 720p25"。

步骤 2 在"项目"窗口中导入素材文件"倩 02.mp4"，并拖曳到时间线窗口的 V1 轨道中，如图 7-13 所示。

图 7-13 拖入素材到时间线

步骤 3 添加"RGB 曲线"滤镜，在"效果控件"面板中调整主要通道的曲线，降低亮度和提高对比度，如图 7-14 所示。

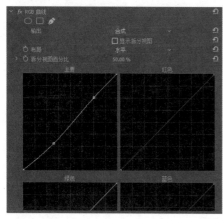

图 7-14 调整曲线形状

步骤 4 添加"三向颜色校正器"滤镜，在"效果控件"面板中设置滤镜参数，如图 7-15 所示。

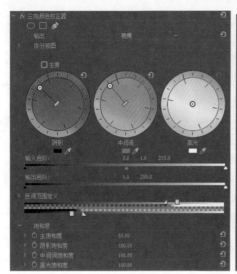

图 7-15　添加滤镜并设置参数

步骤 5　新建一个颜色遮罩，设置颜色为黑色，并将该颜色图层拖至 V2 轨道上，长度与 V1 轨道上的视频素材对齐，如图 7-16 所示。

图 7-16　创建颜色遮罩

步骤 6　为黑色图层添加"生成"组中的"渐变"滤镜，设置"起始颜色"和"结束颜色"等参数，如图 7-17 所示。

步骤 7　在"效果控件"面板中设置"混合模式"为"强光"，如图 7-18 所示。

图 7-17　设置渐变滤镜参数

图 7-18　设置混合模式

步骤8 新建一个调整图层，拖曳到时间线窗口的 V3 轨道上，设置时长与视频素材对齐，如图 7-19 所示。

步骤9 为调节图层添加视频效果"调整"组中的"光照效果"滤镜，在"节目预览"窗口中调整灯光的位置，在"效果控件"面板中展开"光照 1"选项栏，调整参数，如图 7-20 所示。

图 7-19 添加调节图层

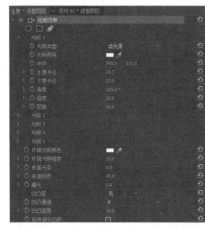

图 7-20 设置滤镜参数

步骤10 设置完成后，在"节目监视器"窗口中观看效果。

实例093 清新粉色调

本实例的最终效果如图 7-21 所示。

案例文件：	工程 / 第 7 章 / 实例 093.prproj		视频教学：	视频 / 第 7 章 / 清新粉色调 .mp4
难易程度：	★★★★☆	学习时间：3 分 13 秒	实例要点：	应用"计算"和"纯色合成"滤镜

图 7-21 清新粉色调效果

步骤1 运行 Premiere Pro CC 2017，新建一个项目，命名为"实例 093.prproj"，创建一个序列，选择预设"HDV 720p25"。

步骤2 在"项目"窗口中导入素材文件"倩 03.mp4"，并拖曳到时间线窗口的 V1 轨道中，如图 7-22 所示。

步骤3 添加视频效果"通道"组中的"计算"滤镜，在"效果控件"面板中调整滤镜参数，如图 7-23 所示。

步骤4 添加"纯色合成"滤镜，单击"颜色"设置颜色值并设置"混合模式"，如图 7-24 所示。

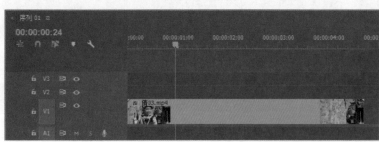

图 7-22　拖曳素材到时间线

图 7-23　调整滤镜参数

图 7-24　设置滤镜参数

步骤 5　新建一个调整图层添加到 V2 轨道上，调整时长与 V1 轨道上的视频素材对齐，如图 7-25 所示。

步骤 6　添加"RGB 曲线"滤镜，提高亮度，稍降低绿色，如图 7-26 所示。

步骤 7　选择"椭圆形蒙版工具" ，在"节目监视器"窗口中绘制一个椭圆形蒙版，在"效果控件"面板中设置蒙版参数，如图 7-27 所示。

图 7-25　添加调节图层到时间线

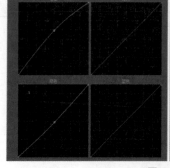

图 7-26　调整曲线

图7-27 绘制蒙版并设置参数

步骤 8 设置完成后，在"节目监视器"窗口中观看效果。

实例094 招贴画风格

案例文件：	工程 / 第 7 章 / 实例 094.prproj		视频教学：	视频 / 第 7 章 / 招贴画风格 .mp4
难易程度：	★★★☆☆	学习时间：	9 分 59 秒	实例要点：	应用 BCC Artists Poster 滤镜预设

本实例的最终效果如图 7-28 所示。

图7-28 招贴画风格效果

步骤 1 运行 Premiere Pro CC 2017，新建一个项目，命名为"实例094.prproj"，创建一个序列，选择预设"HDV 720p25"。

步骤 2 在"项目"窗口中导入素材文件"女生 2.mp4"，并拖曳到时间线窗口的 V1 轨道中，如图 7-29 所示。

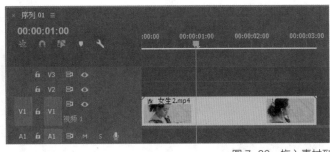

图7-29 拖入素材到时间线

步骤 3 在"效果控件"面板中调整"缩放"的数值为 67%。

步骤 4 添加视频效果 BCC10 Art Looks 组中的 BCC Artists Poster 滤镜，如图 7-30 所示。

图 7-30　添加招贴画滤镜

步骤 5　单击 Load 按钮，从打开的预设库中选择合适的选项，如图 7-31 所示。

步骤 6　单击"打开"按钮，应用预设，如图 7-32 所示。

图 7-31　添加滤镜

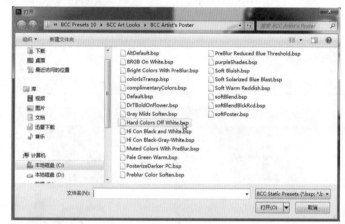

步骤 7　在时间线窗口中复制 V1 轨道上的素材并粘贴到 V2 轨道中，如图 7-33 所示。

步骤 8　在"效果控件"面板中关闭 BCC Artists Poster 滤镜，添加 BCC Pencil Sketch 滤镜，如图 7-34 所示。

步骤 9　单击 Load 按钮，从打开的预设库中选择合适的选项，如图 7-35 所示。

图 7-32　应用招贴画预设

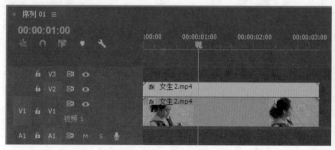

图 7-33　复制素材

图 7-34 添加滤镜

步骤10 单击"确定"按钮应用该预设,如图7-36所示。

步骤11 在"不透明度"选项栏中设置"混合模式"为"深色",如图7-37所示。

步骤12 设置完成后,在"节目监视器"窗口中观看效果。

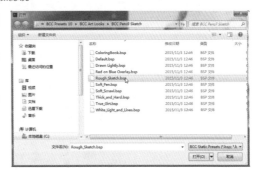

图 7-35 打开预设库

图 7-36 应用预设

图 7-37 设置混合模式

实例095　BCC 色彩匹配

案例文件：	工程 / 第 7 章 / 实例 095.prproj		视频教学：	视频 / 第 7 章 /BCC 色彩匹配 .mp4
难易程度：	★★★★☆	学习时间：4 分 32 秒	实例要点：	应用 BCC Color Match 滤镜

本实例的最终效果如图 7-38 所示。

图 7-38　BCC 色彩匹配效果

步骤1　运行 Premiere Pro CC 2017，新建一个项目，命名为"实例 095.prproj"，创建一个序列，选择预设"HDV 720p25"。

步骤2　在"项目"窗口中导入素材文件"女孩咖啡 2.mp4"，并拖曳到时间线窗口的 V2 轨道中，如图 7-39 所示。

图 7-39　添加素材到时间线

步骤3　在"项目"窗口中导入图片素材文件"摄影 01.jpg"，并拖曳到时间线窗口的 V1 轨道中，如图 7-40 所示。

步骤4　从"效果"窗口中展开 BCC10 Color & Tone 特效组，拖曳 BCC10 Color Match 滤镜到 V2 轨道上的素材，添加色彩匹配滤镜，如图 7-41 所示。

步骤5　选择 V2 轨道上的文件，在"效果控件"面板中选择 Quality 的选项为 Smoother，如图 7-42 所示。

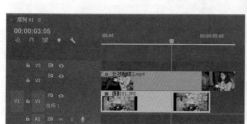  

图 7-40　添加素材到时间线　　　　图 7-41　添加特效　　　　图 7-42　设置滤镜参数

步骤 6 单击 Midtone Source 右侧的"吸管工具",在"节目预览"窗口中的红色背景区域吸取颜色,如图 7-43 所示。

图 7-43 拾取源中间色

步骤 7 在时间线窗口中双击 V1 轨道上的素材,在"源监视器"窗口中显示图片内容。单击 Midtone Target 右侧的"吸管工具",在"源监视器"窗口中的蓝色衣服区域吸取颜色,如图 7-44 所示。

图 7-44 拾取目标中间色

步骤 8 单击 Highlight Source 右侧的"吸管工具",在"节目预览"窗口中脸部区域吸取颜色,如图 7-45 所示。

图 7-45 拾取源高光色

步骤 9 单击 Highlight Target 右侧的"吸管工具",在"源监视器"窗口中人物脸部区域吸取颜色,如图 7-46 所示。

图 7-46 拾取目标高光色

步骤10 单击 Shadow Source 右侧的"吸管工具"，在"节目预览"窗口中背景的阴暗区域吸取颜色，如图 7-47 所示。

图 7-47 拾取源阴影色

步骤11 单击 Shadow Target 右侧的"吸管工具"，在"源监视器"窗口中蓝色衣服的暗部区域吸取颜色，如图 7-48 所示。

图 7-48 拾取目标阴影色

步骤12 继续调整参数，如图 7-49 所示。

图 7-49 调整滤镜参数

步骤13 添加 BCC Color Correction 滤镜，调整亮度和输出白的参数，如图 7-50 所示。

图 7-50 调整滤镜的参数

步骤14 保存场景，然后在"节目监视器"窗口中观看效果。

实例096 Lumetri 调色预设

案例文件：	工程 / 第 7 章 / 实例 096.prproj		视频教学：	视频 / 第 7 章 /Lumetri 调色预设 .mp4
难易程度：	★★★★★	学习时间：	2 分 04 秒	实例要点：	应用 Lumetri 调色预设和 LUT 选项

本实例的最终效果如图 7-51 所示。

图 7-51　应用 Lumetri 调色预设效果

步骤1 运行 Premiere Pro CC 2017，新建一个项目，命名为"实例096.prproj"，创建一个序列，选择预设"HDV 720p25"。

步骤2 在"项目"窗口中导入素材文件"房间摇镜 .mp4"，并拖曳到时间线窗口的 V1 轨道中，如图 7-52 所示。

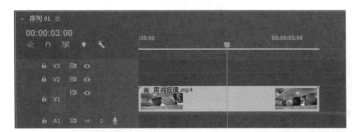

图 7-52　添加素材到时间线

步骤3 在"效果"面板中展开"Lumetri 预设"文件夹，选择预设项并拖曳到"效果控件"面板中，如图 7-53 所示。

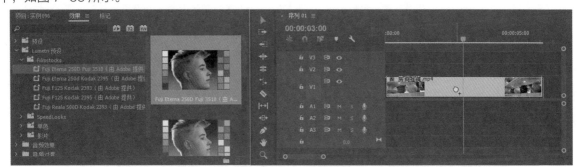

图 7-53　添加特效预设

步骤4 在"效果控件"面板中添加了 Lumetri Color 预设，如图 7-54 所示。

图 7-54　应用滤镜预设

步骤 5 展开"基本校正"选项栏，单击"输入 LUT"下拉按钮，选择合适的预设项，如图 7-55 所示。

图 7-55　选择 LUT 预设

步骤 6 在"晕影"选项栏中调整暗角参数，如图 7-56 所示。

图 7-56　调整滤镜参数

步骤 7 展开"曲线"选项栏，调整曲线形状，提高亮度降低对比度，如图 7-57 所示。

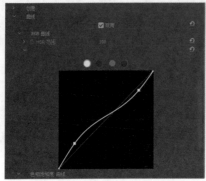
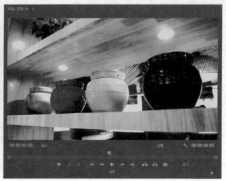

图 7-57　调整曲线形状

步骤 8 设置完成后，在"节目监视器"窗口中观看效果。

实例097 Magic Bullet Cosmo 润肤

案例文件：	工程 / 第 7 章 / 实例 097.prproj			视频教学：	视频 / 第 7 章 /Magic Bullet Cosmo 润肤 .mp4
难易程度：	★★★★★	学习时间：	7 分 08 秒	实例要点：	应用 Magic Bullet Cosmo 滤镜润饰皮肤

本实例的最终效果如图 7-58 所示。

图 7-58 Magic Bullet Cosmo 润肤效果

步骤 1 运行 Premiere Pro CC 2017, 新建一个项目，命名为"实例 097.prproj"，创建一个序列，选择预设"HDV 720p25"。

步骤 2 在"项目"窗口中导入素材文件"看书女生 .mp4"，并拖曳到时间线窗口的 V1 轨道中，如图 7-59 所示。

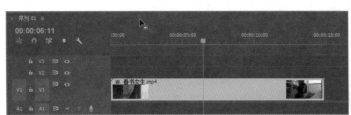

图 7-59 添加素材到时间线

步骤 3 添加视频效果 Magic Bullet 组中的 Cosmo 滤镜，如图 7-60 所示。

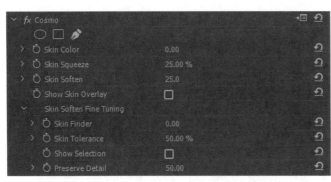

图 7-60 应用 Cosmo 滤镜

步骤 4 勾选 Show Skin Overlay 复选框，在"节目预览"窗口中查看皮肤区域，如图 7-61 所示。

步骤 5 选择"椭圆形蒙版工具" ，在"节目监视器"窗口中绘制一个椭圆形蒙版并调整蒙版的角度和形状，如图 7-62 所示。

图 7-61　查看皮肤区域

图 7-62　绘制蒙版并设置参数

步骤 6　勾选 Show Selection 复选框，在"节目监视器"窗口中查看皮肤选区，如图 7-63 所示。

图 7-63　查看皮肤选区

步骤 7　取消勾选 Show Selection 和勾选 Show Skin Overlay 复选框，设置 Skin Soften 的参数值为 50，查看皮肤润饰的效果，如图 7-64 所示。

图 7-64　设置磨皮参数

步骤 8　单击"蒙版形状"的"切换动画"按钮，记录关键帧，然后分别在序列的起点和终点调整蒙版形状添加关键帧，如图 7-65 所示。

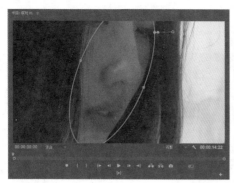

图 7-65　设置蒙版关键帧

步骤 9　拖曳当前指针，根据需要调整蒙版的形状添加关键帧，如图 7-66 所示。

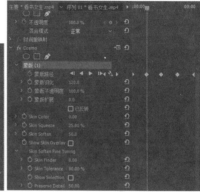

图 7-66　添加蒙版关键帧

步骤 10　添加"RGB 曲线"滤镜，提高亮度，如图 7-67 所示。

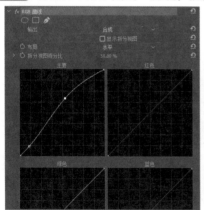

图 7-67　调整曲线滤镜

步骤 11　在"效果控件"面板中复制并粘贴"RGB 曲线"滤镜，在第二个"RGB 曲线"滤镜面板中展开"辅助颜色校正"选项组，单击"吸管工具"，在"节目监视器"窗口中脸部的中间色区域单击吸取颜色，如图 7-68 所示。

步骤 12　勾选"显示蒙版"复选框，调整"色相"和"亮度"的范围，并调整"结尾柔和度"和"边缘细化"的参数值，如图 7-69 所示。

图 7-68　吸取颜色

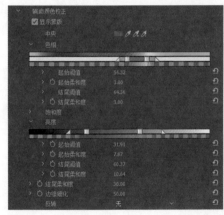
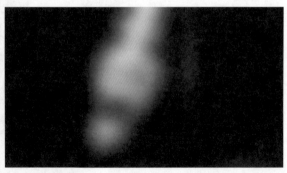

图 7-69　调整蒙版参数

步骤13 取消勾选"显示蒙版"复选框，在"节目监视器"窗口中查看二级调色后的效果，如图 7-70 所示。

图 7-70　查看调色后效果

步骤14 设置完成后，在"节目监视器"窗口中观看效果。

实例098　Magic Bullet Mojo 快速调色

　　Magic Bullet Mojo 是一款调色插件，可在几秒钟内得到一个基本满足任何现代好莱坞影片级的效果，更多的肤色控制选项大大增强了操作的直观性，方便在调整场景色调的时候控制人物的肤色。全浮点渲染和快速渲染速度，是许多项目的理想选择。Magic Bullet Mojo 最大的亮点就是快速预览和渲染。

案例文件：	工程 / 第 7 章 / 实例 098.prproj			视频教学：	视频 / 第 7 章 /Magic Bullet Mojo 快速调色 .mp4
难易程度：	★★★★☆	学习时间：	1 分 56 秒	实例要点：	应用 Magic Bullet Mojo 调色插件

　　本实例的最终效果如图 7-71 所示。

图 7-71　Magic Bullet Mojo 快速调色对比效果

　　步骤1 运行 Premiere Pro CC 2017，新建一个项目，命名为"实例 098.prproj"，创建一个序列，选择预设"HDV 720p25"。

　　步骤2 在"项目"窗口中导入素材文件"女生 .mp4"，并拖曳到时间线窗口的 V1 轨道中，在"效果控件"面板中设置"缩放"的数值为 67%，如图 7-72 所示。

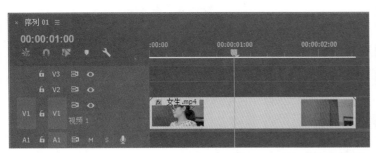

图 7-72　添加素材到时间线

步骤 3　激活"效果"面板，为素材添加视频效果 Magic Bullet 组中的 Mojo 滤镜，如图 7-73 所示。

图 7-73　添加 Mojo 滤镜

步骤 4　在"效果控件"面板中展开 Skin 选项组，调整参数，如图 7-74 所示。

图 7-74　设置皮肤选项参数

步骤 5　在"效果控件"面板中调整参数，如图 7-75 所示。

图 7-75　设置滤镜参数

步骤 6 调整色调参数 Warm It 的数值为 −20，偏向冷调，如图 7-76 所示。

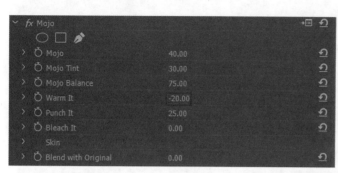

图 7-76 调整滤镜参数

步骤 7 在"节目监视器"窗口底部单击播放按钮，查看调色后的效果，如图 7-77 所示。

图 7-77 查看调色效果

步骤 8 设置完成后，保存项目文件。

实例099 Magic Bullet Film 电影质感

案例文件：	工程 / 第 7 章 / 实例 099.prproj		视频教学：	视频 / 第 7 章 /Magic Bullet Film 电影质感 .mp4
难易程度：	★★★★☆	学习时间： 2 分 44 秒	实例要点：	应用 Magic Bullet Film 滤镜

本实例的最终效果如图 7-78 所示。

图 7-78 Magic Bullet Film 电影质感对比效果

步骤 1 运行 Premiere Pro CC 2017，新建一个项目，命名为"实例099.prproj"，创建一个序列，选择预设"HDV 720p25"。

步骤 2 在"项目"窗口中导入素材文件"倩 04.mp4"，并拖曳到时间线窗口的 V1 轨道中，如图 7-79 所示。

步骤 3 激活"效果"面板，添加视频效果 Magic Bullet 组中的 Film 滤镜，如图 7-80 所示。

步骤 4 选择负片和输出胶片的类型，如图 7-81 所示。

步骤 5 调整色温、曝光度和对比度参数，如图 7-82 所示。

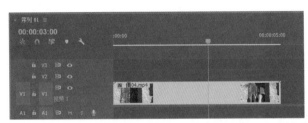

图 7-79　添加素材到时间线

图 7-80　添加 Film 滤镜

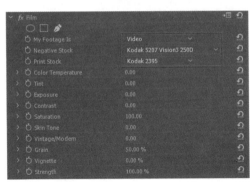

图 7-81　调整滤镜参数 1

图 7-82　调整滤镜参数 2

步骤 6　调整皮肤色调和暗角参数，如图 7-83 所示。

步骤 7　单击"节目监视器"窗口底部的播放按钮，查看调色后的效果，如图 7-84 所示。

步骤 8　根据自己的需要可以选择其他的胶片预设或调整色温、对比度、饱和度等参数，也可以添加其他的调整滤镜，例如"RGB 曲线"可整体提高亮度和增加蓝色，如图 7-85 所示。

图 7-83　调整滤镜参数 3

图 7-84　查看调色效果

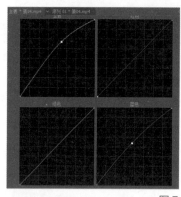 

图 7-85　调整曲线形状

步骤9　设置完成后，在"节目监视器"窗口中观看效果。

实例100　Magic Bullet Looks 调色

案例文件：	工程 / 第 7 章 / 实例 100.prproj			视频教学：	视频 / 第 7 章 /Magic Bullet Looks 调色 .mp4
难易程度：	★★★★★	学习时间：	4 分 06 秒	实例要点：	应用 Magic Bullet Looks 滤镜中的调色预设

本实例的最终效果如图 7-86 所示。

图 7-86　Magic Bullet Looks 调色效果

步骤 1 运行 Premiere Pro CC 2017, 新建一个项目, 命名为"实例 100.prproj", 创建一个序列, 选择预设"HDV 720p25"。

步骤 2 在"项目"窗口中导入素材文件"girl01.mp4", 并拖曳到时间线窗口的 V1 轨道中, 如图 7-87 所示。

图 7-87 添加素材到时间线

步骤 3 激活"效果"面板, 为素材添加视频效果 Magic Bullet 组中的 Looks 滤镜, 在"效果控件"面板中单击 Edit 按钮, 打开 Magic Bullet Looks 设置面板, 查看丰富多样的预设, 如图 7-88 所示。

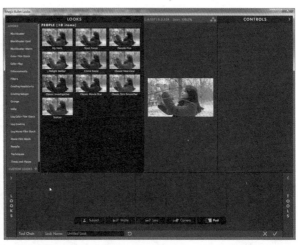

图 7-88 选择校色预设

步骤 4 查找合适的预设, 如图 7-89 所示。

步骤 5 单击右侧 Looks 上方的箭头图标 ◀, 收起预设库, 放大显示预览效果, 在下方分布显示了多种调整项目, 如图 7-90 所示。

图 7-89 选择预设

步骤6 单击左侧 Tools 上方的箭头图标◀，展开工具面板，在 Lens 组中选择并添加暗角，如图 7-91 所示。

步骤7 在下方选择刚刚添加的暗角，调整参数，如图 7-92 所示。

步骤8 单击右下角的按钮☑，关闭 Magic Bullet Looks 面板，应用调色预设，如图 7-93 所示。

步骤9 在"效果控件"面板中设置 Strength 的参数值为 60%，稍弱化一些调色效果，如图 7-94 所示。

图 7-90 查看更多控制项

图 7-91 添加暗角控制项

图 7-92 调整暗角参数

图 7-93 应用调色预设

图 7-94 调整 Looks 效果强度

步骤 10 如果对结果还不太满意，可以在"效果控件"面板中单击 Edit 按钮，重新打开 Magic Bullet Looks 面板进行设置，例如调整 4-Way Color 的主色调，如图 7-95 所示。

图 7-95 继续调整滤镜参数

步骤 11 单击右下角的按钮 ✕ 关闭 Magic Bullet Looks 面板，应用调色预设，拖曳当前指针在"节目监视器"窗口中查看调色后的效果，如图 7-96 所示。

图 7-96 查看调色效果

步骤 12 调整完毕，保存项目文件。

第 8 章

戏剧摄影展宣传片

本实例首先应用 Photoshop 抠除照片背景，保留前景人物的分层文件，然后在 Premiere Pro CC 2017 中以不同的方式组合照片素材，应用基本 3D、投影和特色过渡特效来创建丰富的动画效果，使得一组戏剧艺术摄影展变成了时尚和有动感的宣传片。

本章重点

- 在 Photoshop 中抠除照片背景
- BCC Ripple Dissolve 过渡效果
- 应用 "基本 3D" 滤镜
- 应用 "投影" 滤镜
- 创建字幕动画
- 设置素材运动关键帧
- 添加 "菱形划像" 过渡特效

本实例的最终效果如图 8-1 所示。

图 8-1 戏剧摄影艺术效果

操作001 在 Photoshop 中抠除照片背景

案例文件：	工程 / 第 8 章 / 操作 001.prproj		视频教学：	视频 / 第 8 章 / 在 Photoshop 中抠除照片背景 .mp4
难易程度：	★★★★★	学习时间：	16 分 45 秒	实例要点：	快速选择工具及调整选区

本操作的最终效果如图 8-2 所示。

图 8-2 抠除照片背景效果

步骤 1 运行 Adobe Photoshop CC 2017，打开照片"戏装 09.jpg"，准备抠除黑色的背景，保留前景分离，如图 8-3 所示。

步骤 2 在工具栏中选择"快速选择工具" ，在照片上的人物区域中绘制以创建选区，如图 8-4 所示。

图 8-3 打开照片

图 8-4 绘制选区

步骤 3 在人物的细节处需要放大显示，激活顶部的"增加选区工具" ，使用小笔刷绘制选区，如图 8-5 所示。

步骤 4 为了使选区更加精确，需要不断变换"增加选区工具" 或"减少选区工具" ，尤其在人物衣服的边角和头饰区域，也会不断调整笔刷大小，绘制一个比较完美的选区，如图 8-6 所示。

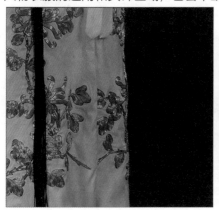

图 8-5 增加选区 　　　　　　　　　　　　　　　　图 8-6 修整选区

步骤 5 单击顶部的"创建或调整选区工具" 选择并遮住… ，放大显示以检查选区边缘的情况，如图 8-7 所示。

步骤 6 勾选"智能半径"复选框，设置"半径"为 1 像素，确定选择"调整边缘画笔工具"和"扩展检测区域"，在边缘绘制，如图 8-8 所示。

图 8-7 检查选区边缘 　　　　　　　　　　　　　　图 8-8 绘制选区边缘

步骤 7 不断切换"添加到选区工具"和"从选区减去工具"，在选区边缘绘制笔画，直至获得比较完美的人物轮廓，如图 8-9 所示。

步骤 8 设置"平滑""羽化"和"对比度"的数值，选择"输出到"的选项为"图层蒙版"，如图 8-10 所示。

步骤 9 单击"确定"按钮，可以看到图层的蒙版，如图 8-11 所示。

步骤 10 按住 Alt 键单击蒙版，设置笔刷的大小和硬度，可以在蒙版上直接绘制白色或黑色，调整蒙版的边缘，如图 8-12 所示。

图 8-9 修整边缘选区

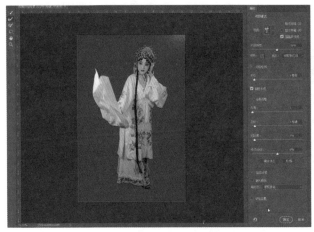

图 8-10　设置蒙版参数

图 8-11　查看图层蒙版

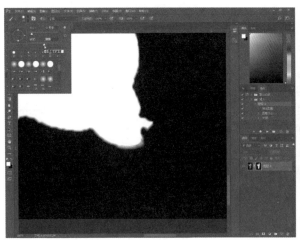

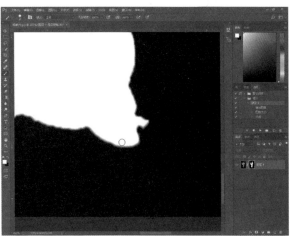

图 8-12　修整蒙版边缘

步骤 11　按住 Alt 键单击图层蒙版，恢复显示图层的内容，也可以直接参照前景人物的边缘绘制蒙版，如图 8-13 所示。

步骤 12　适当放大图片中细节的区域完善蒙版，然后存储为"戏装 09.psd"，如图 8-14 所示。

图 8-13　绘制蒙版

图 8-14　查看抠除背景的人物

步骤 13 采用同样的方法处理其他的几张图片，一起存储为包含蒙版的 PSD 分层文件，如图 8-15 所示。

操作002 设计开篇背景

案例文件：	工程 / 第 8 章 / 操作 002.prproj		
难易程度：	★★★★☆	学习时间：	6 分 32 秒
视频教学：	视频 / 第 8 章 / 设计开篇背景 .mp4		
实例要点：	导入和组织素材、设置混合模式		

图 8-15 存储 PSD 文件

本操作的最终效果如图 8-16 所示。

图 8-16 开篇背景效果

步骤 1 运行 Premiere Pro CC 2017，新建一个项目，命名为"操作002.prproj"，创建一个序列，选择预设"HDV 720p25"在"项目"窗口中新建素材箱，命名为"艺术照"，导入照片素材，如图 8-17 所示。

步骤 2 在"项目"窗口中新建素材箱，命名为"背景装饰"，导入图片素材，如图 8-18 所示。

步骤 3 在"项目"窗口中新建素材箱，命名为"纸纹理"，导入图片素材，如图 8-19 所示。

步骤 4 从"项目"窗口中拖曳素材"纸 03.jpg"到 V1 轨道上，激活"效果控件"面板，设置"缩放"参数，如图 8-20 所示。

图 8-17 导入素材 1

步骤 5 为该素材添加"色阶"滤镜，调整输入色阶，提高亮度，如图 8-21 所示。

图 8-18 导入素材 2

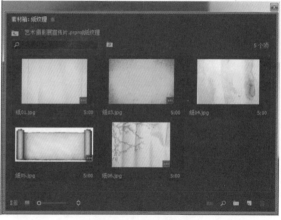

图 8-19 导入素材 3

图 8-20 设置运动参数

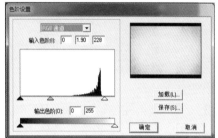

图 8-21 设置滤镜参数

步骤 6 从"项目"窗口中拖曳素材"国画 04.jpg"到 V2 轨道上,激活"效果控件"面板,设置"位置"和"缩放"的参数,如图 8-22 所示。

图 8-22 设置运动参数

步骤 7 为素材添加滤镜"水平翻转",如图 8-23 所示。

步骤 8 在"效果控件"面板中选择"钢笔工具" ,在"节目监视器"窗口中绘制蒙版,设置"蒙版羽化"、"透明度"和"混合模式",如图 8-24 所示。

步骤 9 保存场景,在"节目监视器"窗口中查看开篇背景的效果。

图 8-23 添加滤镜

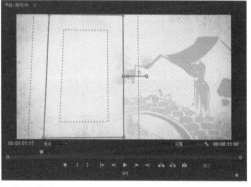

图 8-24 设置蒙版和混合模式

操作003 制作开篇动画

案例文件：	工程 / 第 8 章 / 操作 003.prproj		视频教学：	视频 / 第 8 章 / 制作开篇动画 .mp4
难易程度：	★★★★☆	学习时间：9 分 58 秒	实例要点：	应用 BCC Ripple Dissolve 过渡效果

本操作的最终效果如图 8-25 所示。

图 8-25　开篇动画效果

步骤 1 从"项目"窗口中拖曳素材到 V3 轨道上，在"效果控件"面板中设置"位置"和"缩放"的参数，如图 8-26 所示。

图 8-26　设置素材运动参数

步骤 2 选择"钢笔工具" ，在"节目监视器"窗口中绘制蒙版，然后设置"蒙版羽化"和"混合模式"，如图 8-27 所示。

图 8-27　绘制蒙版并设置参数

步骤 3 从"项目"窗口中拖曳照片素材到时间线的 V4 轨道上，激活"效果控件"面板，设置"位置"和"缩放"的参数，如图 8-28 所示。

图 8-28　设置素材运动参数

步骤 4　为素材添加"RGB 曲线"滤镜，调整曲线形状，提高亮度和对比度，如图 8-29 所示。

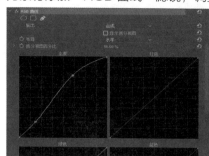

图 8-29　调整曲线

步骤 5　添加"投影"滤镜，设置参数如图 8-30 所示。

图 8-30　添加滤镜并设置参数

步骤 6　新建一个调节图层，放置于 V5 轨道上，如图 8-31 所示。

步骤 7　为调节图层添加"色阶"滤镜，绘制一个椭圆形蒙版，如图 8-32 所示。

步骤 8　在"效果控件"面板中单击"色阶"滤镜的"设置"按钮，调整输入色阶的参数，如图 8-33 所示。

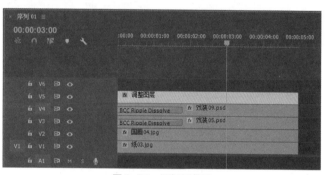

图 8-31　添加调节层

图 8-32　绘制蒙版并设置参数

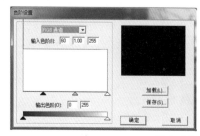

图 8-33　调整输入色阶

步骤9 创建一个新的字幕，输入文本和设置文本属性，如图8-34所示。

步骤10 添加字幕到V6轨道上，分别在1秒20帧和3秒10帧设置不透明度关键帧，数值分别为0和100%，创建淡入动画效果，如图8-35所示。

步骤11 为"戏装05.psd"和"戏装09.psd"添加BCC Ripple Dissolve过渡效果，长度为1秒20帧，如图8-36所示。

步骤12 保存项目文件，在"节目监视器"窗口中查看开篇动画的效果。

图8-34 创建字幕

图8-35 设置不透明度关键帧

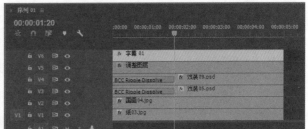

图8-36 添加过渡效果

操作004 镜头2-天女散花

案例文件：	工程/第8章/操作004.prproj		视频教学：	视频/第8章/镜头2-天女散花.mp4
难易程度：	★★★★☆	学习时间： 10分39秒	实例要点：	"投影""基本3D"滤镜以及关键帧动画

本操作的最终效果如图8-37所示。

图8-37 仙女散花效果

步骤1 新建一个序列，选择预设"HDV 720p25"，从"项目"窗口中拖曳素材"纸01.jpg"到时间线窗口的V1轨道上，激活"效果控件"面板，设置"位置"和"缩放"的参数，如图8-38所示。

图8-38 设置素材运动参数

步骤 2 添加"色阶"滤镜，调整输入色阶右端的滑块，提高亮度，如图 8-39 所示。

图 8-39　调整色阶滤镜

步骤 3 拖曳素材"水纹.jpg"到 V2 轨道上，在"效果控件"面板中设置"位置"和"缩放"的参数，如图 8-40 所示。

图 8-40　设置素材运动参数

步骤 4 在时间线窗口的素材"水纹.jpg"上单击鼠标右键，在弹出的快捷菜单中选择"嵌套"命令，然后双击该嵌套序列打开其时间线，复制素材"水纹.jpg"并粘贴 3 次到视频轨道上，分别调整"位置"参数，如图 8-41 所示。

图 8-41　多次复制素材

步骤 5 在时间线窗口中激活序列"镜头 2"的时间线，选择 V2 轨道上的嵌套序列，在"效果控件"面板中调整"位置"和"缩放"的参数，并设置"不透明度"和"混合模式"，如图 8-42 所示。

图 8-42　设置参数

步骤 6 从"项目"窗口中拖曳素材"国画 08.jpg"到 V3 轨道上，在"效果控件"面板中设置"位置"和"缩放"的参数，如图 8-43 所示。

步骤 7 在"效果控件"面板中选择"矩形工具" ，在"节目监视器"窗口中绘制蒙版，设置蒙版参数和不透明度参数，如图 8-44 所示。

图 8-43　设置运动参数

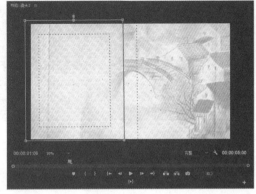

图 8-44　绘制蒙版并设置参数

步骤 8　从"项目"窗口中拖曳图片"戏剧 02.jpg"到时间线窗口的 V4 轨道上，设置"位置"和"缩放"的参数，如图 8-45 所示。

图 8-45　设置运动参数

步骤 9　添加"投影"滤镜，并设置滤镜参数，如图 8-46 所示。

图 8-46　设置滤镜参数

步骤 10　添加"基本 3D"滤镜，分别在素材的起点和终点设置"与图像的距离"的关键帧，数值分别为 15 和 -4，如图 8-47 所示。

步骤 11　从"项目"窗口中拖曳素材"花瓣 .jpg"到 V5 轨道上，调整"位置"和"缩放"参数并设置不透明度参数，如图 8-48 所示。

图 8-47　设置滤镜关键帧

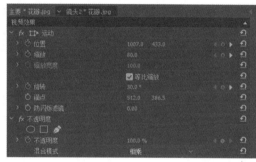

图 8-48　设置运动参数

步骤 12　确定当前指针到素材的起点，激活"位置""缩放"和"旋转"的关键帧，拖曳当前指针到素材的终点，调整这三个关键帧，如图 8-49所示。

步骤 13　复制 V5 轨道上的素材并粘贴在 V6轨道上，调整"位置""缩放"和"旋转"参数，如图 8-50 所示。

图 8-49　设置运动关键帧

图 8-50　调整运动关键帧

步骤 14　保存项目文件，在"节目监视器"窗口中查看镜头 2 中仙女散花的动画效果。

操作005　镜头 3-组照切换

案例文件：	工程 / 第 8 章 / 操作 005.prproj		视频教学：	视频 / 第 8 章 / 镜头 3-组照切换 .mp4
难易程度：	★★★★☆	学习时间：　4 分 36 秒	实例要点：	设置运动关键帧和字幕动画

本操作的最终效果如图 8-51 所示。

图 8-51　组照切换效果

步骤 1　新建一个序列，命名为"镜头 3"，选择预设"HDV 720p25"。

步骤 2　从"项目"窗口中拖曳素材"练功 01.jpg"到 V2 轨道中，设置素材的时间长度为 2 秒 10 帧。激活"效果控件"面板，设置"位置"和"缩放"的参数，如图 8-52 所示。

图 8-52　设置素材运动参数

步骤 3　从"项目"窗口中拖曳素材"练功 02.jpg"到 V1 轨道上，起点为 1 秒，末端与 V2 轨道上的素材对齐，如图 8-53 所示。

步骤 4　创建一个新的字幕，输入字符并设置文本属性，如图 8-54 所示。

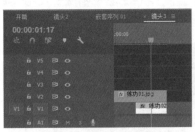

图 8-53　添加素材到时间线

图 8-54　创建字幕

步骤 5　添加字幕到 V3 轨道中，首端和末端与 V2 轨道中的素材对齐，激活"效果控件"面板，调整"位置"和"缩放"的参数，如图 8-55 所示。

图 8-55　设置素材运动参数

步骤 6　拖曳当前指针到 19 帧，激活"位置"的关键帧，拖曳当前指针到 1 秒，调整"位置"参数创建第二个关键帧，选择这两个关键帧并单击鼠标右键，在弹出的快捷菜单中选择"临时插值"|"定格"命令设定关键帧的插值，如图 8-56 所示。

图 8-56　设置关键帧和插值模式

步骤 7 选择 V1 轨道上的素材，在"效果控件"面板中调整"缩放"值为 48%、"位置"值为 (323, 373)，然后添加"水平翻转"滤镜。

步骤 8 拖曳素材"梳妆.jpg"到 V1 轨道上，首端与"练功 02.jpg"的末端相接，长度为 1 秒 15 帧，如图 8-57 所示。

步骤 9 在"效果控件"面板中调整"位置"和"缩放"的参数，如图 8-58 所示。

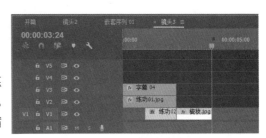

图 8-57 添加素材到时间线

步骤 10 保存项目文件，在"节目监视器"窗口中查看效果。

图 8-58 设置素材运动参数

操作006 完成镜头 3

案例文件：	工程 / 第 8 章 / 操作 006.prproj	视频教学：	视频 / 第 8 章 / 完成镜头 3.mp4
难易程度：	★★★★★ 学习时间：10 分 32 秒	实例要点：	应用渐变擦除过渡特效和运动关键帧

本操作的最终效果如图 8-59 所示。

图 8-59 完成镜头 3 效果

步骤 1 新建一个浅色的颜色遮罩，拖曳到时间线窗口的 V1 轨道上，设置时长为 4 秒，如图 8-60 所示。

步骤 2 拖曳素材"纸 05.jpg"到 V2 轨道中，其首尾端与 V1 轨道上的颜色遮罩对齐，在"效果控件"面板中调整"位置"和"缩放"参数，如图 8-61 所示。

图 8-60 新建颜色遮罩

图 8-61 设置运动参数

步骤 3   为素材"纸05.jpg"添加"色阶"滤镜，调整输入色阶的滑块，调高亮度，如图8-62所示。

步骤 4   为素材"纸05.jpg"添加"渐变擦除"过渡效果，设置过渡的时长为2秒，如图8-63所示。

图8-62　设置色阶滤镜

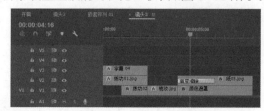

图8-63　添加过渡特效

步骤 5   在"效果控件"面板中单击"自定义"按钮，弹出"渐变擦除设置"对话框，选择渐变图像，如图8-64所示。

图8-64　设置滤镜参数

步骤 6   拖曳素材"国画01.jpg"到V3轨道上，激活"效果控件"面板，绘制一个圆形蒙版，设置蒙版参数、混合模式以及"位置"和"缩放"参数，如图8-65所示。

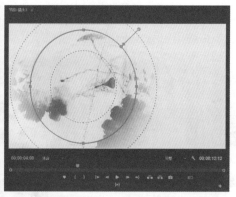

图8-65　设置运动参数

步骤 7   添加"水平翻转"滤镜，如图8-66所示。

步骤 8   分别在素材的起点和终点设置"位置"的关键帧，数值分别为（507,360）和（446,360），如图8-67所示。

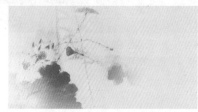

图8-66　应用水平翻转滤镜

图8-67　设置位置关键帧

步骤 9   从"项目"窗口中拖曳"戏装11.psd"到V4轨道上，调整"缩放"的数值为53%，分别在素材的起点和终点设置"位置"的关键帧，数值分别为（800,360）和（835,360），如图8-68所示。

图 8-68　设置运动关键帧

步骤 10　为素材添加"RGB 曲线"滤镜，调整曲线形状，提高亮度和色调，如图 8-69 所示。

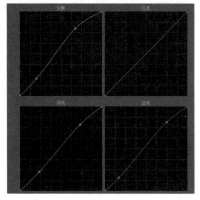

图 8-69　调整曲线

步骤 11　创建一个新的字幕，输入字符并设置文本属性，如图 8-70 所示。

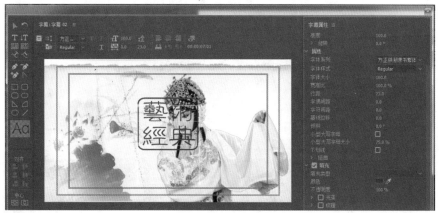

图 8-70　新建字幕

步骤 12　添加字幕到 V5 轨道上，起点在 5 秒，在"效果控件"面板中调整"位置"和"缩放"参数，如图 8-71 所示。

图 8-71　设置运动参数

步骤 13　为字幕添加"投影"滤镜，在"效果控件"面板中设置投影参数，如图 8-72 所示。

图 8-72　应用投影滤镜

步骤 14　为字幕的首端添加"渐变擦除"过渡效果，设置时长为 1 秒 12 帧，如图 8-73 所示。

步骤 15　保存项目文件，在"节目监视器"窗口中预览效果。

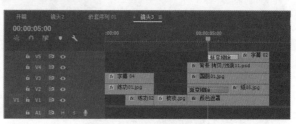

图 8-73　添加过渡特效

操作007　制作影片结尾

案例文件：	工程 / 第 8 章 / 操作 007.prproj		视频教学：	视频 / 第 8 章 / 制作影片结尾 .mp4
难易程度：	★★★★☆	学习时间：10 分 46 秒	实例要点：	应用"菱形划像"过渡特效

本操作的最终效果如图 8-74 所示。

图 8-74　影片结尾效果

步骤 1　新建一个序列，选择预设"HDV 720p25"，命名为"结尾"。

步骤 2　从"项目"窗口中拖曳照片素材"本人 .jpg"到 V1 轨道中，设置时长为 1 秒 15 帧，在"效果控件"面板中调整"位置"和"缩放"参数，如图 8-75 所示。

图 8-75　设置素材运动参数 1

步骤 3　从"项目"窗口中拖曳照片素材"定妆 .jpg"到 V2 轨道中，首末端与 V1 轨道上的素材对齐，在"效果控件"面板中调整"位置"和"缩放"参数，如图 8-76 所示。

图 8-76　设置素材运动参数 2

步骤 4 为 V2 轨道上的素材首端添加"菱形划像"过渡效果，在"效果控件"面板中设置过渡效果的参数，如图 8-77 所示。

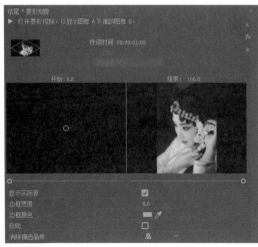

图 8-77 设置过渡特效参数

步骤 5 拖曳当前指针到序列的起点，复制 V2 轨道中的"菱形划像"并粘贴到 V1 轨道的素材上，如图 8-78 所示。

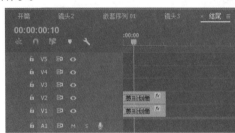

图 8-78 复制过渡效果

步骤 6 从"项目"窗口中拖曳照片素材"戏装 06.jpg"到 V3 轨道中，首端与 V1 轨道上的素材末端对齐，设置时长为 1 秒 15 帧，在"效果控件"面板中调整"位置"和"缩放"参数，如图 8-79 所示。

图 8-79 设置素材运动参数

步骤 7 复制 V2 轨道中的"菱形划像"并粘贴到 V3 轨道的素材上，如图 8-80 所示。

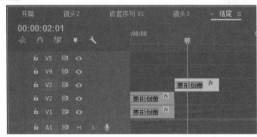

图 8-80 复制过渡特效

步骤 8 从"项目"窗口中拖曳素材"纸 06.jpg"到 V1 轨道上,其首端与 V3 轨道上的素材末端对齐,在"效果控件"面板中调整"位置"和"缩放"参数,如图 8-81 所示。

图 8-81 设置素材运动参数

步骤 9 在素材"纸 06.jpg"上单击鼠标右键,在弹出的快捷菜单中选择"嵌套"命令,然后双击打开该嵌套序列的时间线,复制 V1 轨道上的素材并粘贴到 V2 轨道上,并在"效果控件"面板中设置"混合模式"为"滤色",如图 8-82 所示。

图 8-82 设置混合模式

步骤 10 从"项目"窗口中拖曳素材"水纹 05.jpg"到 V3 轨道上,在"效果控件"面板中调整"位置""缩放"和"不透明度"参数,如图 8-83 所示。

图 8-83 设置素材运动参数

步骤 11 添加"颜色平衡"滤镜,增加红色,如图 8-84 所示。

图 8-84 调整颜色平衡

步骤 12 拖曳素材"国画 02.jpg"到 V4 轨道上,在"效果控件"面板中调整"位置"和"缩放"参数,如图 8-85 所示。

步骤 13 选择"钢笔工具" ,在"节目监视器"窗口中绘制蒙版,在"效果控件"面板中设置蒙版参数,如图 8-86 所示。

图 8-85　设置素材运动参数

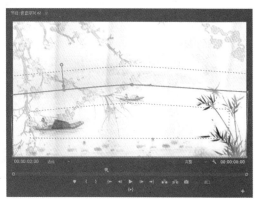

图 8-86　绘制蒙版并设置参数

步骤 14　在时间线窗口中激活"结尾"序列，分别添加"戏装 07.psd"和"戏装 10.psd"到 V2 和 V3 轨道上，并分别设置"位置"和"缩放"参数，如图 8-87 所示。

步骤 15　分别为这两个素材添加"亮度曲线"滤镜，调高画面的亮度，如图 8-88 所示。

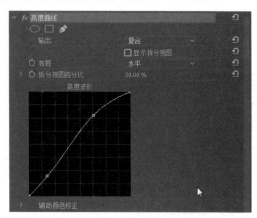

图 8-87　设置素材运动参数　　　　　　　图 8-88　调整亮度曲线

步骤 16　分别在这两个素材的首端添加"推"过渡特效，设置时长为 1 秒 20 帧，如图 8-89 所示。

图 8-89　添加过渡特效

步骤17　创建新的字幕，输入字符并设置文本属性，如图 8-90 所示。

图 8-90　创建字幕

步骤18　添加字幕到 V4 轨道上，设置起点为 5 秒和时长为 3 秒 05 帧，如图 8-91 所示。

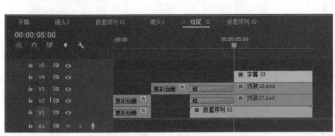

图 8-91　添加字幕到时间线

步骤19　复制 V2 轨道上的"菱形划像"并粘贴到字幕的首端，如图 8-92 所示。

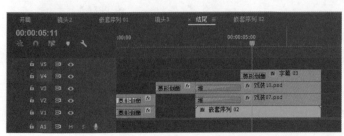

图 8-92　复制过渡特效

步骤20　至此影片结尾制作完成，保存项目文件，在"节目监视器"窗口中预览效果。

操作008 完成整个影片

案例文件：	工程 / 第 8 章 / 操作 008.prproj	视频教学：	视频 / 第 8 章 / 完成整个影片 .mp4
难易程度：	★★★★☆	学习时间：6 分 09 秒	实例要点：将前面完成的片段组接成完整的影片

本操作的最终效果如图 8-93 所示。

图 8-93　完整影片效果

步骤1 新建一个序列，选择预设"HDV 720p25"，命名为"完整影片"，从"项目"窗口中拖曳序列"开篇"到时间线窗口的 V1 轨道上，如图 8-94 所示。

图 8-94　在时间线上添加素材

步骤2 拖曳当前指针到 3 秒 20 帧，从"项目"窗口中拖曳序列"镜头 2"到 V2 轨道上，起点对齐当前时间线指针，如图 8-95 所示。

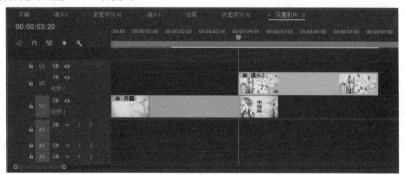

图 8-95　添加素材

步骤3 为 V2 轨道上的素材首端添加"叠加溶解"过渡特效，并拖曳其长度与 V1 轨道上的素材末端对齐，如图 8-96 所示。

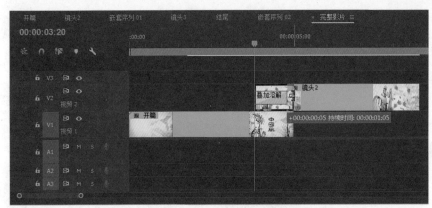

图 8-96　添加过渡特效

步骤4 设置当前时间线指针到 8 秒，拖曳 V2 轨道上的素材"镜头 2"的末端与当前指针对齐，如图 8-97 所示。

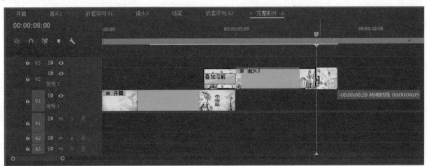

图 8-97　对齐素材

步骤5 从"项目"窗口中拖曳序列"镜头 3"到 V2 轨道上，首端对齐当前时间线指针，如图 8-98 所示。

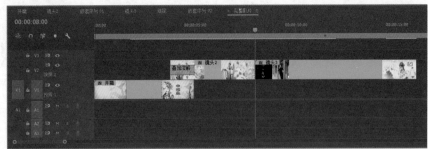

图 8-98　调整素材

步骤6 选择"波纹编辑工具"，在 V2 轨道上的素材"镜头 3"的首端单击并向后拖曳 10 帧。

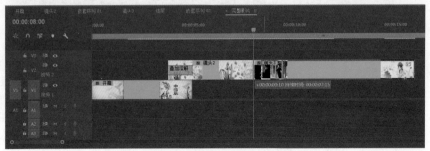

图 8-99　拖曳素材

步骤7 在 V2 轨道上的两个素材中间添加"推"过渡特效，并设置长度为 20 帧，调整该过渡特效的中间位置与素材交界线对齐，如图 8-100 所示。

图 8-100 添加过度特效

步骤8 在"效果控件"面板中选择"推"特效的方向为"由东向西"，如图 8-101 所示。

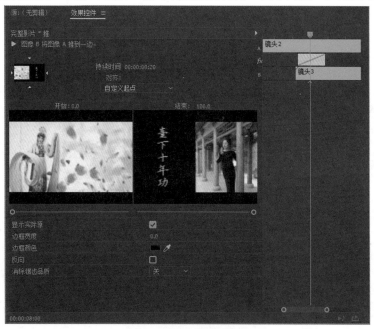

图 8-101 选择特效方向

步骤9 拖曳当前指针到 14 秒 15 帧，从"项目"窗口中拖曳序列"结尾"到 V1 轨道上，首端与当前时间线指针对齐，如图 8-102 所示。

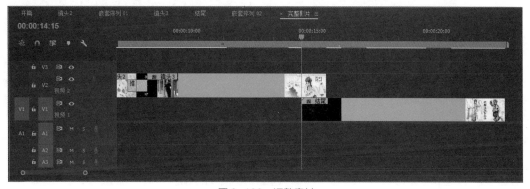

图 8-102 调整素材

步骤 10 选择该素材，在"效果控件"面板中，分别在素材的起点和 15 秒 15 帧设置"不透明度"的关键帧，数值分别为 0 和 100%，创建淡入效果，如图 8-103 所示。

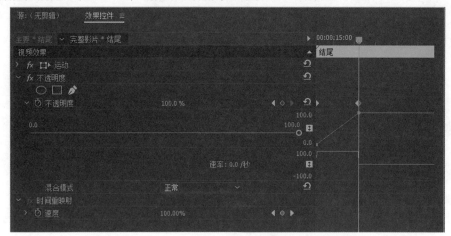

图 8-103　添加淡入效果

步骤 11 选择 V2 轨道上的素材"镜头 3"，在"效果控件"面板中分别在 14 秒 15 帧和素材的末端设置"不透明度"的关键帧，数值分别为 100% 和 0，创建淡出效果，并设置"混合模式"为"滤色"，如图 8-104 所示。

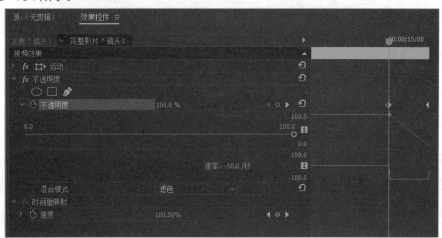

图 8-104　添加淡出效果

步骤 12 导入音乐素材"背景音乐 .wav"到"项目"窗口中，并拖曳到时间线窗口的 A1 轨道上，使素材的末端与 V1 轨道上的素材末端对齐，对音频素材的前端进行裁剪，如图 8-105 所示。

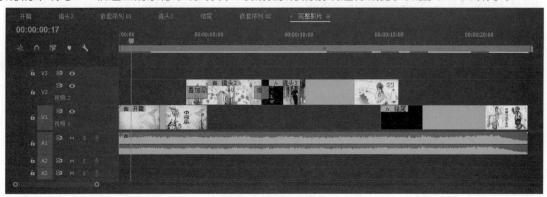

图 8-105　裁剪音频

步骤 13　为音频素材的首端添加"恒定功率"过渡特效，并延长时长到 1 秒 15 帧，如图 8-106 所示。

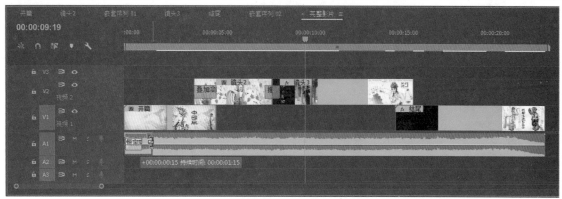

图 8-106　添加过渡特效

步骤 14　至此整个项目制作完成，保存项目文件，在"节目监视器"窗口中预览效果。

第9章

飞云裳影音工社片头

片头包装有很多种题材，也有着非常丰富的表现形式，但常用的元素中总会包含例如光效、粒子、对比强烈的色彩和追求质感的标题等，在节奏方面也往往有着独特的风格。本实例主要应用 Premiere Pro CC 2017 中的文字、光效插件创建具有冲击力的视觉元素，通过设置多个视频素材的混合模式创建比较绚丽的色彩空间，并使用立体字插件来强调标题立体字的金属质感，最后组合起来成为一条炫目强劲的工作室包装片头。

本章重点

■导入并管理素材文件　　　　　　　　　　■应用 BCC Extruded Text 滤镜创建金属字

■应用 BCC Lens Flare 3D 滤镜创建光斑　　■应用 BCC Rays Ring 滤镜创建光束

■创建四色渐变背景

本实例的最终效果如图 9-1 所示。

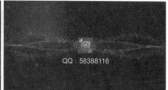

图 9-1　飞云裳片头效果

操作 001　导入背景素材

案例文件：	工程 / 第 9 章 / 操作 001.prproj		视频教学：	视频 / 第 9 章 / 导入背景素材 .mp4
难易程度：	★★★☆☆	学习时间：2 分 18 秒	实例要点：	使用素材箱管理素材

步骤 1　运行 Premiere Pro CC 2017，在欢迎界面中单击"新建项目"按钮，在"新建项目"对话框中选择项目的保存路径，单击"确定"按钮，如图 9-2 所示。

步骤 2　按 Ctrl+N 组合键，弹出"新建序列"对话框，在"序列预设"选项卡下的"可用预设"区域中选择"HDV 720p25"选项，单击"确定"按钮，如图 9-3 所示。

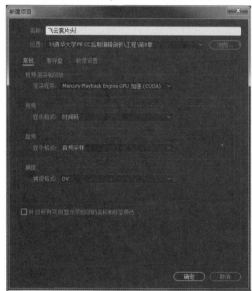

图 9-2　新建项目

图 9-3　新建序列

步骤 3　在"项目"窗口空白处单击鼠标右键，在弹出的快捷菜单中选择"新建素材箱"命令，重命名为"光斑星空"，如图 9-4 所示。

步骤 4　打开资源管理器，按照名称将全部光斑和星空素材拖曳到"项目"窗口的素材箱中，如图 9-5 所示。

步骤 5　再创建一个素材箱，命名为"粒子"，将"光效"和"粒子"素材图拽到该素材箱中，如图 9-6 所示。

图 9-4　新建素材箱

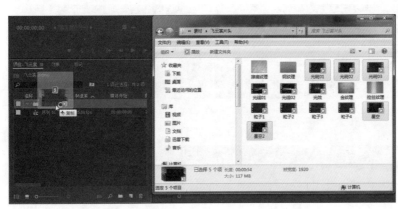

图 9-5　导入素材　　　　　　　　　　　　　　　图 9-6　打开素材箱

步骤 6 导入音频素材"002.wav"到"项目"窗口中，保存工程文件。

操作 002　创建立体金字

案例文件：	工程 / 第 9 章 / 操作 002.prproj		视频教学：	视频 / 第 9 章 / 创建立体金字 .mp4
难易程度：	★★★★☆	学习时间：　5 分 28 秒	实例要点：	应用 BCC Extruded Text 滤镜和关键帧动画

本操作的最终效果如图 9-7 所示。

图 9-7　创建立体金字效果

步骤 1 从"项目"窗口中拖曳音频素材到 A1 轨道上，设置长度为 26 秒 20 帧，查看音频波形，如图 9-8 所示。

图 9-8　添加素材到时间线

步骤 2 从"项目"窗口中拖曳"星空.mp4"到时间线窗口中的 V1 轨道上，如图 9-9 所示。

步骤 3 在"项目"窗口中单击鼠标右键，在弹出的快捷菜单中选择"新建项目"|"颜色遮罩"命令，新建一个灰色图层，重命名为"立体字图层"，如图 9-10 所示。

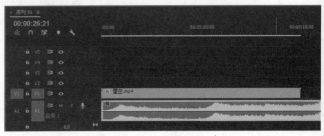

图 9-9　嵌套序列

步骤 4 拖曳该图层到 V2 轨道上，延长到与"星空"素材一致，如图 9-11 所示。

步骤 5 添加 BCC10 3D Object | BCC Extruded Text 滤镜，在"效果控件"面板中设置参数，如图 9-12 所示。

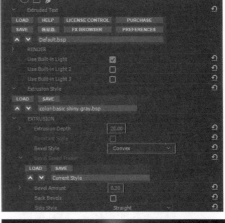

图 9-10　新建颜色遮罩

图 9-11　调整画面大小

图 9-12　添加滤镜并设置参数

步骤 6 导入图片素材"金属纹理 .jpg"并拖曳到时间线 V3 轨道上，关闭可视性，如图 9-13 所示。

步骤 7 在时间线窗口中选择 V2 轨道上的素材，添加视频效果"通道"组中的"复合运算"滤镜，并设置滤镜参数，如图 9-14 所示。

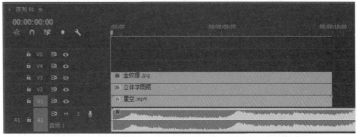

图 9-13　添加素材到时间线

图 9-14　添加滤镜并设置参数

步骤 8 添加"RGB 曲线"滤镜，调整曲线形状，稍微提高亮度和红色，如图 9-15 所示。

步骤 9 拖曳当前指针到 5 秒，在"效果控件"面板中激活"位置"和"缩放"的关键帧，拖曳当前指针到序列的起点，调整"位置"和"缩放"的参数值，如图 9-16 所示。

步骤10 在"效果控件"面板中展开"缩放"参数的运动曲线，调整关键帧插值，如图 9-17 所示。

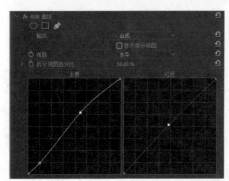

图 9-15　调整曲线

图 9-16　设置运动关键帧

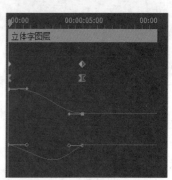

图 9-17　调整关键帧插值

步骤11　保存场景，拖曳当前时间线指针，查看金属字的动画效果，如图 9-18 所示。

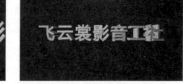

图 9-18　查看金属字效果

操作 003　添加光斑效果

本操作的最终效果如图 9-19 所示。

案例文件：	工程 / 第 9 章 / 操作 003.prproj		视频教学：	视频 / 第 9 章 / 添加光斑效果 .mp4
难易程度：	★★★★☆	学习时间：　4 分 33 秒	实例要点：	应用 BCC Lens Flare 3D 滤镜创建光斑效果

图 9-19　添加光斑效果

步骤1　拖曳动态素材"光斑 02.mp4"到 V4 轨道上，与 V1 轨道上的素材首尾对齐，如图 9-20 所示。

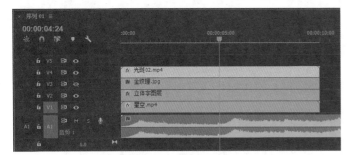

图 9-20　添加素材到时间线

步骤 2　选择 V2 轨道上的素材，激活"效果控件"面板，设置"混合模式"为"滤光"，如图 9-21 所示。

步骤 3　新建一个黑色的颜色遮罩，重命名为"光斑图层"，拖曳到 V5 轨道上，参照音频的波形，设置该图层的起点为 5 秒 03 帧，末端与 V1 轨道上的素材对齐，如图 9-22 所示。

步骤 4　添加视频效果 BCC10 Lights 组中的 BCC Lens Flare 3D 滤镜，如图 9-23 所示。

图 9-21　设置混合模式

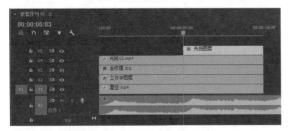

图 9-22　添加图层到时间线

图 9-23　添加光斑滤镜

步骤 5　在"效果控件"面板中设置"混合模式"为"滤光"，在 BCC Lens Flare 3D 滤镜面板中单击 FX BROWSER 按钮展开光斑预设库，如图 9-24 所示。

步骤 6　选择预设 Red-BlueBurst，单击右下角的"确定"按钮应用该预设，如图 9-25 所示。

步骤 7　拖曳当前指针到 6 秒 04 帧，在"效果控件"面板中调整光斑滤镜的参数，并设置 Zoom 和 Position XY 的关键帧，如图 9-26 所示。

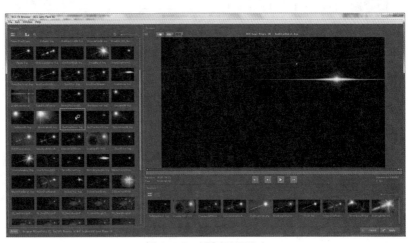

图 9-24　查看光斑预设库

图 9-25　应用光斑预设

图 9-26　设置光斑滤镜关键帧

步骤8　拖曳当前指针到该素材的起点，调整 Zoom 和 Position XY 的关键帧数值，如图 9-27 所示。

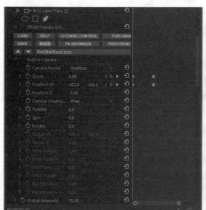

图 9-27　添加关键帧

步骤9　分别在 7 秒和 7 秒 24 帧设置 Global Scale 的关键帧，分别设置为 2.85 和 10。拖曳当前指针查看光斑的动画效果，如图 9-28 所示。

图 9-28　查看光斑动画效果

步骤10 保存场景，在"节目监视器"窗口中查看金属字光斑效果。

操作 004　完成镜头 1

案例文件：	工程 / 第 9 章 / 操作 004.prproj	视频教学：	视频 / 第 9 章 / 完成镜头 1.mp4
难易程度：	★★★★★　学习时间：　3 分 44 秒	实例要点：	应用图层混合模式添加光效

本操作的最终效果如图 9-29 所示。

图 9-29　完成镜头 1 效果

步骤1 在时间线窗口中选择全部的视频素材，单击鼠标右键，在弹出的快捷菜单中选择"嵌套"命令，如图 9-30 所示。

图 9-30　添加素材到时间线

步骤2 拖曳当前指针到 8 秒 14 帧，在时间线窗口中拖曳嵌套序列的末端与当前指针对齐，如图 9-31 所示。

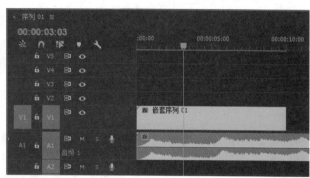

图 9-31　调整素材长度

步骤3 在"项目"窗口中创建一个白色图层，重命名为"白场"，拖曳到时间线窗口的 V2 轨道上，设置时长为 17 帧，其中间与当前指针对齐，如图 9-32 所示。

步骤4 在"效果控件"面板中设置"白场"图层的不透明度关键帧，创建淡入和淡出效果，如图 9-33 所示。

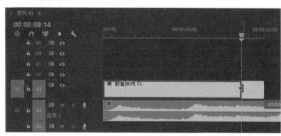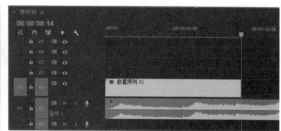

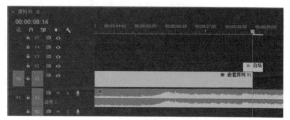

图 9-32　添加图层到时间线

步骤 5 导入动态素材 "光线 01.mp4" 和 "光线 2.mp4" 到 "项目" 窗口中，拖曳素材 "光线 01.mp4" 到 V3 轨道上，首端与序列的起点对齐，如图 9-34 所示。

图 9-33 设置不透明度关键帧

图 9-34 添加素材到时间线

步骤 6 在 "效果控件" 面板中设置 "混合模式" 为 "滤色"，查看节目预览效果，如图 9-35 所示。

图 9-35 查看预览效果

步骤 7 添加视频效果 "通道" 组中的 "纯色合成" 滤镜，设置颜色值为 (R0、G213、B255)，选择混合模式为 "强光"，如图 9-36 所示。

图 9-36 应用纯色合成滤镜

步骤 8 保存项目文件，在 "节目监视器" 窗口中查看第一镜头的效果。

操作 005 创建立体钢字

案例文件：	工程 / 第 9 章 / 操作 005.prproj		视频教学：	视频 / 第 9 章 / 创建立体钢字 .mp4
难易程度：	★★★★★	学习时间：	4 分 31 秒	实例要点：	应用 BCC Extruded Text 滤镜创建立体钢字

本操作的最终效果如图 9-37 所示。

图 9-37 立体钢字效果

步骤 1 从"项目"窗口中拖曳动态素材"星空 2.mp4"到时间线窗口的 V1 轨道上，其首端与"嵌套序列 01"末端相连，如图 9-38 所示。

步骤 2 在时间线窗口的素材"星空 2.mp4"上单击鼠标右键，在弹出的快捷菜单中选择"嵌套"命令执行嵌套，如图 9-39 所示。

步骤 3 双击"嵌套序列 02"打开其时间线，如图 9-40 所示。

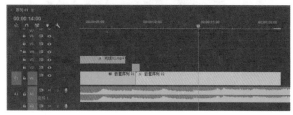

图 9-38　添加素材到时间线

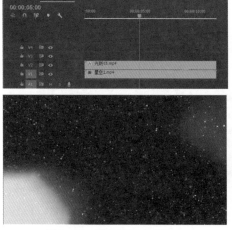

图 9-39　嵌套序列

图 9-40　打开嵌套序列

步骤 4 添加素材"光斑 03.mp4"到 V2 轨道上，在"效果控件"面板中设置"混合模式"为"滤色"，如图 9-41 所示。

步骤 5 从"项目"窗口中拖曳"立体字图层"到 V3 轨道上，设置时长与"星空 2mp4"对齐。添加 BCC10 3D Object|BCC Extruded Text 滤镜，在弹出的对话框中输入文本，如图 9-42 所示。

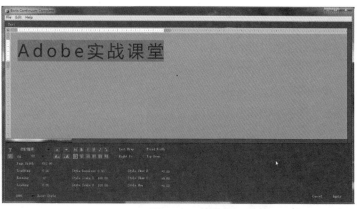

图 9-41　添加素材到时间线

图 9-42　输入文本

步骤 6 单击右下角的 Apply 按钮关闭对话框，在"效果控件"面板中设置立体字的参数，如图 9-43 所示。

图 9-43　设置滤镜参数

步骤 7 在素材的起点和 2 秒 05 帧分别设置"缩放"的关键帧，数值分别为 7% 和 100%。

步骤 8 导入图片"拉丝纹理 .jpg"到"项目"窗口中，并拖曳到 V4 轨道上，设置时长与"星空 2.mp4"对齐，关闭其可视性，如图 9-44 所示。

步骤 9 选择"立体字图层"，添加"复合运算"滤镜，设置相关参数，如图 9-45 所示。

图 9-44　添加素材到时间线

图 9-45　应用复合运算滤镜

步骤 10 保存项目文件，在"节目监视器"窗口中查看效果。

操作 006　创建光束效果

案例文件：	工程 / 第 9 章 / 操作 006.prproj		视频教学：	视频 / 第 9 章 / 创建光束效果 .mp4
难易程度：	★★★★☆	学习时间：　3 分 26 秒	实例要点：	应用 BCC Rays Ring 滤镜创建发射光束

本操作的最终效果如图 9-46 所示。

图 9-46　创建光束效果

步骤 1 在时间线窗口中选择"立体字图层"，添加视频效果 BCC10 Lights 组中的 BCC Rays Ring 滤镜，如图 9-47 所示。

图 9-47　添加光束滤镜

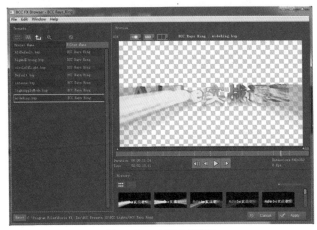

图 9-48　查看光效预设

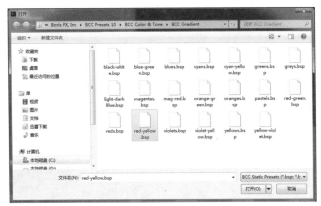

图 9-49　选择光效预设

步骤 2　在"效果控件"面板中单击 FX BROWSER 按钮，直接查看预设效果，如图 9-48 所示。

步骤 3　单击 Load 按钮，可以在预设库中选择合适的预设，如图 9-49 所示。

步骤 4　拖曳当前指针到 2 秒 05 帧，设置滤镜关键帧，如图 9-50 所示。

图 9-50　设置关键帧

步骤 5　在"效果控件"面板中拖曳当前指针到 1 秒 10 帧，调整滤镜参数，添加滤镜关键帧，如图 9-51 所示。

图 9-51　添加滤镜关键帧

步骤 6　拖曳当前指针到 9 秒 23 帧，调整滤镜参数，添加滤镜关键帧，如图 9-52 所示。

图 9-52　添加关键帧

步骤 7　拖曳当前指针查看钢字的发光效果，根据需要调整第二组关键帧到 2 秒 15 帧，如图 9-53 所示。

步骤 8　保存项目文件，在"节目监视器"窗口中查看效果。

图 9-53　调整关键帧

操作 007　完成镜头 2

案例文件：	工程 / 第 9 章 / 操作 007.prproj	视频教学：	视频 / 第 9 章 / 完成镜头 2.mp4
难易程度：	★★★★★　学习时间：　2 分 17 秒	实例要点：	调整混合模式和应用纯色合成改变色调

本操作的最终效果如图 9-54 所示。

图 9-54　完成镜头 2 效果

步骤 1　在时间线窗口中激活"序列 01"的时间线，拖曳"嵌套序列 02"的末端对齐到 18 秒，如图 9-55 所示。

步骤 2　导入动态素材"光线 02.mp4"到"项目"窗口中并拖曳到 V3 轨道中，其首端与素材"嵌套序列 02"对齐，如图 9-56 所示。

步骤 3　激活"效果控件"面板，设置"混合模式"为"滤色"，如图 9-57 所示。

步骤 4　为"光线 02.mp4"添加视频效果"通道"组中红的"纯色合成"滤镜，设置颜色值为 (R255、G102、B0)，调整其他参数，如图 9-58 所示。

图 9-57　设置混合模式

图 9-55　添加图层到时间线

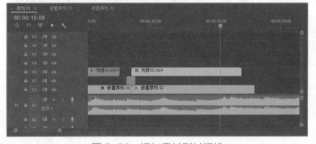

图 9-56　添加素材到时间线

步骤 5　在时间线窗口中选择"嵌套序列 02"，拖曳当前指针到 15 秒 05 帧，在"效果控件"面板中设置"缩放"的关键帧，数值为 100%，拖曳当前指针到 17 秒 24 帧，调整"缩放"的参数值为 1350%，创建立体字的缩放动画，如图 9-59 所示。

步骤 6　保存项目文件，在"节目监视器"窗口中预览效果。

图 9-58　应用纯色合成滤镜

图 9-59　创建缩放动画

操作 008　制作粒子动效背景

案例文件：	工程 / 第 9 章 / 操作 008.prproj			视频教学：	视频 / 第 9 章 / 制作粒子动效背景 .mp4
难易程度：	★★★★☆	学习时间：	4 分 41 秒	实例要点：	应用四色渐变滤镜与适当的混合模式

本操作的最终效果如图 9-60 所示。

图 9-60　粒子动效背景效果

步骤 1　从"项目"窗口中拖曳动态素材"粒子 4.mp4"到 V1 轨道中，其首端与"嵌套序列 02"的末端对齐，拖曳其末端与音频素材的末端对齐，如图 9-61 所示。

步骤 2　添加动态素材"粒子 2.mp4"到 V2 轨道上，起点与"粒子 4.mp4"对齐，然后选择"比率拉伸工具"，延长该素材的末端与音频素材的末端对齐，如图 9-62 所示。

步骤 3　激活"效果控件"面板，选择"混合模式"为"滤色"，在"节目监视器"窗口中查看效果，如图 9-63 所示。

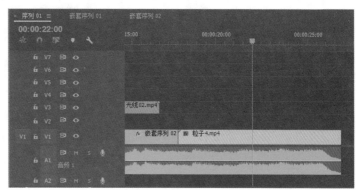

图 9-61　添加素材到时间线

步骤 4　添加动态素材"粒子 1.mp4"到 V3 轨道上，调整时长与"粒子 4.mp4"对齐，并设置"混合模式"为"滤色"，如图 9-64 所示。

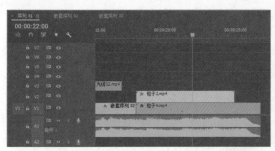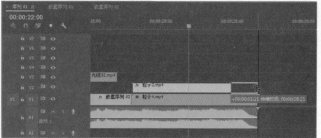

图 9-62 再次添加素材

图 9-63 设置混合模式

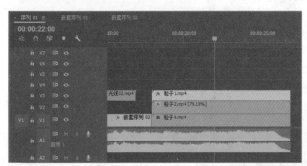

图 9-64 添加素材到时间线

步骤 5 从"项目"窗口中拖曳"光斑图层"到 V4 轨道中,设置时长与"粒子 4.mp4"对齐,如图 9-65 所示。

步骤 6 选择 V4 轨道中的"光斑图层",在"效果控件"面板中选择"混合模式"为"颜色加深",然后添加视频效果"生成"组中的"四色渐变"滤镜,如图 9-66 所示。

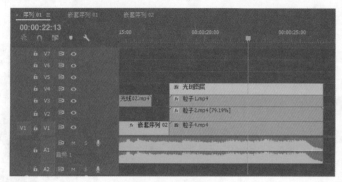

图 9-65 添加素材

步骤 7 拖曳动态素材"粒子 3.mp4"到 V5 轨道上,拉伸素材的长度并设置"混合模式"为"滤色",如图 9-67 所示。

步骤 8 为 V5 轨道上的"粒子 3.mp4"添加"纯色合成"滤镜,设置颜色值为 (R255、G162、B0),如图 9-68 所示。

步骤 9 添加动态素材"粒子.mp4"到 V5 轨道上,调整素材的长度,并在"效果控件"面板中设置"混合模式"为"滤色",如图 9-69 所示。

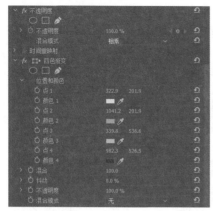

图 9-66　添加四色渐变滤镜

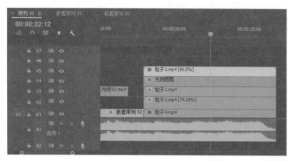

图 9-67　添加素材到时间线

图 9-68　设置滤镜参数

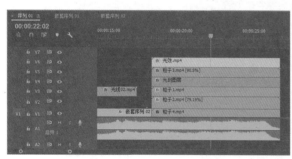

图 9-69　添加素材到时间线

步骤10　保存项目文件，在"节目监视器"窗口中预览效果。

操作 009　完成影片

案例文件：	工程 / 第 9 章 / 操作 009.prproj		视频教学：	视频 / 第 9 章 / 完成影片 .mp4
难易程度：	★★★★☆	学习时间：　4 分 54 秒	实例要点：	将前面完成的片段组接成完整的影片

本操作的最终效果如图 9-70 所示。

图 9-70 完成影片效果

步骤1 在时间线窗口中拖曳 V6 轨道上的素材到 V7 轨道上，如图 9-71 所示。

步骤2 复制 V2 轨道中的"白场"并粘贴到 V6 轨道中，使其中间对齐 18 秒位置，如图 9-72 所示。

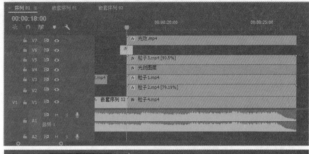

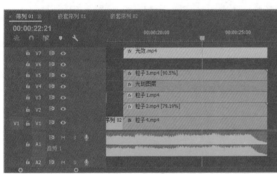

图 9-71 调整轨道素材

图 9-72 复制并粘贴素材

步骤3 新建一个字幕，输入字符并设置字符属性，如图 9-73 所示。

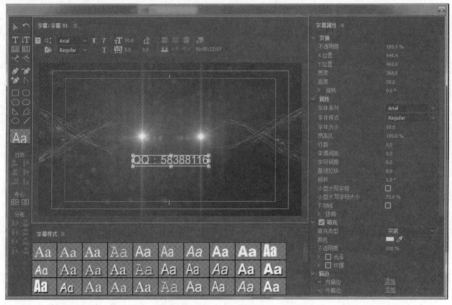

图 9-73 创建字幕

步骤 4　选择"矩形工具"■，绘制一个矩形，在"字幕属性"选项栏中选择"图形类型"为"图形"，并指定本人的二维码图片，如图 9-74 所示。

步骤 5　添加字幕到 V6 轨道中，起点为 22 秒 16 帧，如图 9-75 所示。

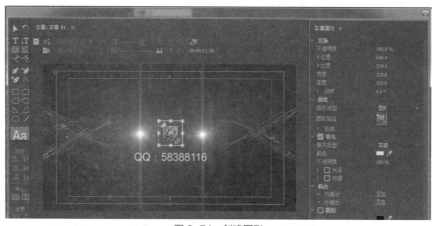

图 9-74　创建图形

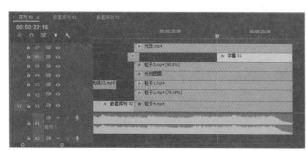

图 9-75　添加字幕到时间线

步骤 6　在"效果控件"面板中选择"矩形工具"■，绘制一个矩形蒙版，设置"蒙版羽化"的数值为 0，勾选"已反转"复选框，在 24 秒 15 帧时设置"蒙版路径"的关键帧，如图 9-76 所示。

步骤 7　拖曳当前指针到 25 秒 08 帧，在"节目监视器"窗口中直接调整矩形蒙版的位置，创建第二个关键帧，如图 9-77 所示。

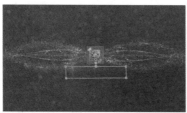

图 9-76　设置蒙版形状关键帧

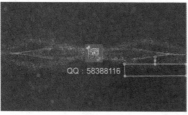

图 9-77　调整蒙版关键帧

步骤 8　拖曳当前指针，查看第三个片段粒子动效背景和字幕的动画效果，如图 9-78 所示。

图 9-78　查看效果

步骤 9　至此整个项目制作完成，保存项目文件，在"节目监视器"窗口中预览效果。

第10章

情系草原旅游纪念册

　　本实例是比较温馨的具有纪念意义的电子相册视频，要获得图、文、声、像并茂的效果，首先要挑选和组织好照片文件，通过画面的变换、过渡和动画手法，增加静态素材的动感，为了使简单的画面表现出丰富的内容，本例着重讲述了 Premiere Pro CC 2017 中多种字幕特效的制作，包括文字蒙版、快速变幻以及闪动效果等。

本章重点

- ■ 设计字幕样式
- ■ 创建文字蒙版
- ■ 制作字幕动画特效
- ■ 组接快切镜头
- ■ 创建字幕变幻动画
- ■ 制作画中画效果
- ■ 制作闪动字幕动画

本实例的最终效果如图 10-1 所示。

图 10-1 情系草原旅游纪念册效果

操作 001 组织素材

案例文件：	工程 / 第 10 章 / 操作 001.prproj		视频教学：	视频 / 第 10 章 / 组织素材 .mp4
难易程度：	★★★☆☆	学习时间：	2 分 45 秒	实例要点：	创建素材箱并导入素材

本操作的最终效果如图 10-2 所示。

图 10-2 组织素材效果

步骤 1 运行 Premiere Pro CC 2017，新建项目"情系草原"，新建一个序列，选择预设"HDV 720p25"，如图 10-3 所示。

步骤 2 在"项目"窗口空白处单击鼠标右键，在弹出的快捷菜单中选择"新建素材箱"命令，创建一个素材箱，命名为"照片 - 人物"，如图 10-4 所示。

图 10-3 创建序列

图 10-4 创建素材箱

步骤 3 从存放素材的位置拖曳相关照片到素材箱中，如图 10-5 所示。

步骤 4 再创建一个素材箱，命名为"草原风景"，导入相关照片素材，如图 10-6 所示。

图 10-5　导入素材 1

图 10-6　导入素材 2

步骤 5 导入音频素材并添加到时间线窗口的 A1 轨道上，如图 10-7 所示。

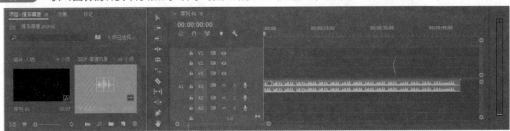

图 10-7　导入音频素材

步骤 6 在时间线窗口中放大显示音频轨道，查看音频波形，如图 10-8 所示。

步骤 7 保存项目文件。

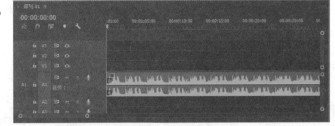

图 10-8　查看音频波形

操作 002　设计字幕样式

案例文件：	工程 / 第 08 章 / 操作 002.prproj		视频教学：	视频 / 第 08 章 / 设计字幕样式 .mp4
难易程度：	★★★★☆	学习时间：	2 分 27 秒	实例要点：	复制文本创建字幕和创建文本样式

本操作的最终效果如图 10-9 所示。

步骤 1 在"项目"窗口中单击鼠标右键，在弹出的快捷菜单中选择"新建项目"|"标题"命令，打开"新建字幕"对话框，如图 10-10 所示。

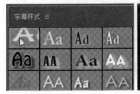
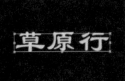

图 10-9　设计字幕样式效果

图 10-10　新建字幕对话框

步骤 2 单击"确定"按钮，打开字幕编辑器窗口，如图 10-11 所示。

步骤 3 　选择"文字工具" T，在字幕编辑窗口中单击，确定文本输入光标的位置，准备输入文本，如图 10-12 所示。

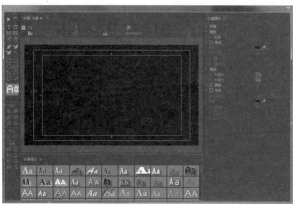
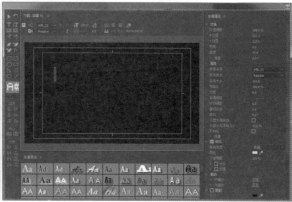

图 10-11　打开字幕编辑窗口　　　　　　　　　图 10-12　确定文本光标位置

步骤 4 　打开 Windows 资源管理器中的文本文件"草原行 .txt"，复制字符并粘贴到字幕编辑器中，如图 10-13 所示。

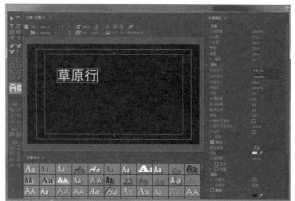

图 10-13　复制文本字符

步骤 5 　选择文本，单击"中心"图标，使文本居中，如图 10-14 所示。

步骤 6 　在右侧的"属性"选项栏中选择合适的字体，调整字体大小，如图 10-15 所示。

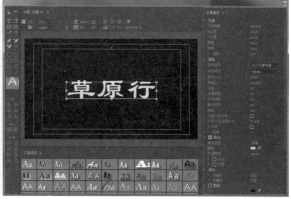

图 10-14　文本居中　　　　　　　　　　　　　图 10-15　设置文本属性

步骤 7 　单击样式库顶部的图标，选择"新建样式"命令，如图 10-16 所示。

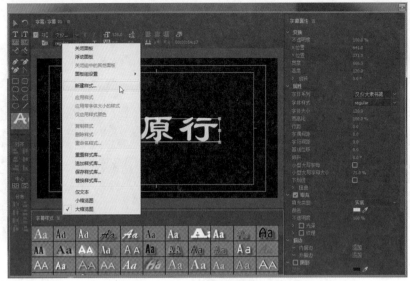

图 10-16　新建样式菜单

步骤 8 弹出"新建样式"对话框，在"名称"文本框中输入新的名称，如图 10-17 所示。

步骤 9 单击"确定"按钮，在样式库中添加了新的样式，然后拖曳到样式库的第一位，这样方便后面选用，如图 10-18 所示。

图 10-17　重命名样式

> **提示** 对于中文样式来说，使用文本说明比缩略图更方便选择，如图 10-19 所示。

图 10-18　添加文本样式

步骤 10 保存场景。

操作 003　制作开篇动画

案例文件：	工程 / 第 10 章 / 操作 003.prproj
难易程度：	★★★★☆
学习时间：	4 分 59 秒
视频教学：	视频/第 10 章/制作开篇动画 .mp4
实例要点：	通过设置素材的运动关键帧创建动画

图 10-19　改变样式库显示方式

本操作的最终效果如图 10-20 所示。

图 10-20　开篇动画效果

步骤 1　在"项目"窗口中双击打开素材箱"照片－草原风景",从中拖曳照片素材"房子远.jpg"到 V1 轨道上,设置时长为 2 秒,如图 10-21所示。

步骤 2　在时间线窗口中选择照片素材,在"效果控件"面板中调整"缩放"参数,如图 10-22所示。

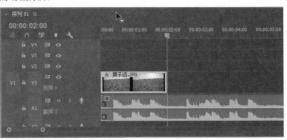

图 10-21　添加素材到时间线

步骤 3　拖曳当前指针到序列的起点,激活"位置"和"缩放"的关键帧,如图 10-23所示。

图 10-22　调整缩放参数

步骤 4　拖曳当前指针到 15 帧,调整"位置"和"缩放"的数值,创建关键帧,如图 10-24 所示。

步骤 5　拖曳当前指针到 1 秒 24 帧,调整"位置"和"缩放"的数值,创建关键帧,如图 10-25 所示。

图 10-23　创建缩放关键帧

图 10-24　添加关键帧 1

图 10-25　添加关键帧 2

步骤6 在"项目"窗口中双击打开素材箱"照片－人物",从中拖曳照片素材"舞丝巾.jpg"到 V1 轨道上,放置在第一段素材的后面,拖曳当前指针到 3 秒 18 帧,调整第二段素材的末端与当前指针对齐,如图 10-26 所示。

步骤7 激活"效果控件"面板,调整"位置"和"缩放"参数,并在素材的起点设置"缩放"的关键帧,如图 10-27 所示。

图 10-26　添加素材到时间线

图 10-27　添加缩放关键帧 1

步骤8 拖曳当前指针到第二段素材的末端 3 秒 17 帧,在"效果控件"面板中调整"缩放"参数,添加关键帧,如图 10-28 所示。

图 10-28　添加缩放关键帧 2

步骤9 拖曳当前指针到 2 秒 15 帧,在"效果控件"面板中调整"缩放"参数,添加关键帧,如图 10-29 所示。

图 10-29　添加缩放关键帧 3

步骤10 从素材箱"照片－人物"中拖曳照片素材"草地人.jpg"到 V1 轨道上,放置在第二段素材的后面,拖曳当前指针到 6 秒 15 帧,调整第三段素材的末端与当前指针对齐,如图 10-30 所示。

步骤11 拖曳当前指针到第三段素材的首端,在"效果控件"面板中

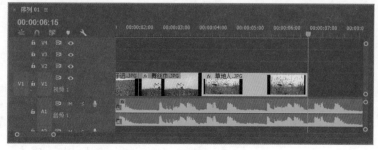

图 10-30　添加素材到时间线

调整"位置"参数并设置关键帧，如图 10-31 所示。

图 10-31 创建位置关键帧

步骤 12 拖曳当前指针到第三段素材的末端 6 秒 14 帧，在"效果控件"面板中调整"位置"参数添加一个关键帧，如图 10-32 所示。

图 10-32 添加位置关键帧

步骤 13 保存项目文件，在"节目监视器"窗口中查看开篇动画的效果。

操作 004 创建开篇字幕特技

案例文件：	工程 / 第 10 章 / 操作 004.prproj			视频教学：	视频 / 第 10 章 / 创建开篇字幕特技 .mp4
难易程度：	★★★★☆	学习时间：	6 分 17 秒	实例要点：	"投影""基本 3D"滤镜以及关键帧动画

本操作的最终效果如图 10-33 所示。

图 10-33 开篇字幕效果

步骤 1 从"项目"窗口中拖曳字幕到 V2 轨道上，起点与第二段素材的首端对齐，终点与第三段素材的末端对齐，如图 10-34 所示。

步骤 2 在"效果控件"面板中调整"位置"和"缩放"参数，如图 10-35 所示。

步骤 3 为"字幕 01"添加"斜面 Alpha"滤镜，在"效果控件"面板中设置参数，如图 10-36 所示。

步骤 4 添加"色阶"滤镜，在"效果控件"面板中单击"设置"按钮，调整输入色阶的滑块，降低亮度，如图 10-37 所示。

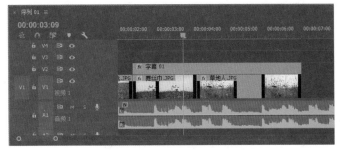

图 10-34 添加素材到时间线

图 10-35　调整运动参数

图 10-36　添加滤镜并设置参数

图 10-37　调整色阶

步骤 5　展开"不透明度"选项栏，设置"混合模式"为"强光"，如图 10-38 所示。

图 10-38　设置混合模式

步骤 6　为字幕添加"投影"滤镜，设置相关参数，如图 10-39 所示。

图 10-39　应用投影滤镜

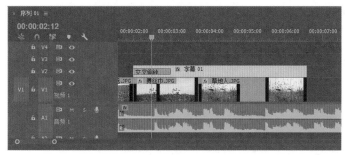

图 10-40　添加过渡特效

步骤 7　添加"交叉缩放"过渡特效到"字幕 01"的首端，如图 10-40 所示。

步骤 8　拖曳当前指针到 V1 轨道上的第二、三片段的中间，按 Ctrl+K 组合键，将"字幕 01"分裂成两段，如图 10-41 所示。

步骤 9　选择第二段字幕，在"效果控件"面板中删除"投影"滤镜，单击"色阶"滤镜右侧的"设置"按钮，在"色阶设置"面板中调整参数，降低亮度，如图 10-42 所示。

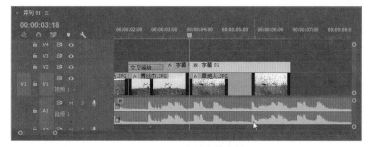

图 10-41　分裂字幕素材

图 10-42　调整色阶

步骤 10　拖曳当前指针到第二段字幕的首端，在"效果控件"面板中调整"位置"和"缩放"的参数，并设置"位置"的关键帧，如图 10-43 所示。

图 10-43　调整运动参数并创建关键帧

步骤 11　拖曳当前指针到第二段字幕的末端，在"效果控件"面板中调整"位置"和"缩放"的参数，添加"位置"的关键帧，如图 10-44 所示。

图 10-44　添加位置关键帧

步骤 12　在"项目"窗口空白处单击鼠标右键，从弹出的快捷菜单中选择"新建项目"|"调整图层"命令，创建一个调整图层，如图 10-45 所示。

步骤 13　添加调整图层到 V3 轨道上，调整长度，如图 10-46 所示。

步骤 14　为调整图层添加"颜色平衡"滤镜，在"效果控件"面板中调整滤镜参数，如图 10-47 所示。

步骤 15　在时间线窗口中选择图片素材和字幕，选择主菜单"编辑"|"嵌套"命令，在弹出的"嵌套序列名称"对话框中重新命名，然后单击"确定"按钮关闭对话框，在时间线窗口的 V1 轨道上出现新的片段，如图 10-48 所示。

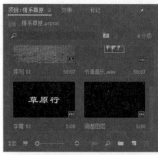

图 10-45　新建调整图层

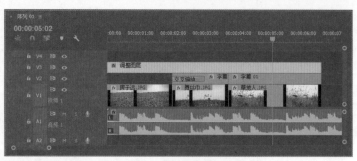

图 10-46　添加调整图层到时间线

图 10-47　添加滤镜并设置参数

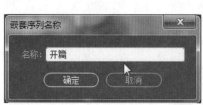

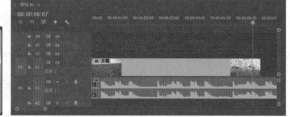

图 10-48　执行嵌套命令

步骤16　保存项目文件，在"节目监视器"窗口中查看开篇字幕的动画效果。

操作005　创建字幕文件

案例文件：	工程 / 第 10 章 / 操作 005.prproj	视频教学：	视频 / 第 10 章 / 创建字幕文件 .mp4
难易程度：	★★★★☆	学习时间：	6 分 36 秒	实例要点：	基于当前字幕创建多个字幕

图 10-49　创建字幕效果

本操作的最终效果如图 10-49 所示。

步骤1　在"项目"窗口空白处单击鼠标右键，在弹出的快捷菜单中选择"新建项目"|"标题"命令，创建新的字幕，如图 10-50 所示。

步骤2　单击"确定"按钮打开字幕编辑器窗口，选择"文字工具"，在字幕编辑预览区单击，准备输入字符，如图 10-51 所示。

图 10-50　创建字幕

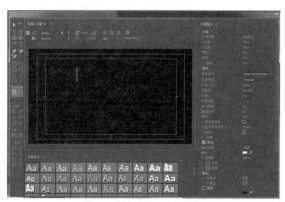

图 10-51　确定文本输入

步骤 3　打开文稿"草原行.txt",复制其中的文字,粘贴到字幕编辑框中,如图 10-52 所示。

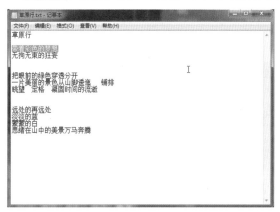

图 10-52　复制文本字符

步骤 4　调整文本的位置和设置文本字体为"方正大标宋",如图 10-53 所示。

步骤 5　在右侧的"描边"选项栏中,单击"外描边"对应的"添加"按钮,添加外描边,设置"大小"为 20、"角度"为 45,设置颜色为灰色,如图 10-54 所示。

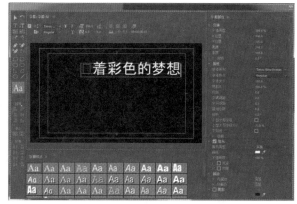

图 10-53　设置文本属性

图 10-54　设置外描边参数

步骤 6　新建样式为"大标宋 100"并添加到样式库的首位,如图 10-55 所示。

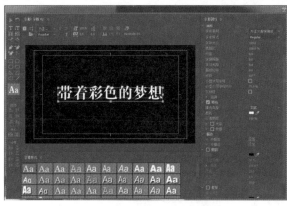

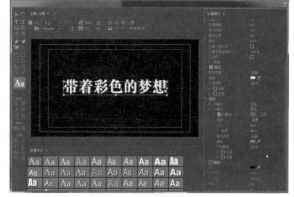

图 10-55　创建样式

步骤 7 单击顶部的"基于当前字幕新建字幕"按钮 ，打开"新建字幕"对话框，如图 10-56 所示。

步骤 8 单击"确定"按钮，打开字幕编辑器窗口，在文本预览区粘贴新的字符，如图 10-57 所示。

图 10-56 新建字幕

图 10-57 输入新的字符

步骤 9 按照如此方法创建更多的字幕，如图 10-58 所示。

图 10-58 创建多个字幕

步骤 10 关闭字幕编辑器窗口保存字幕文件，自动添加到"项目"窗口中，如图 10-59 所示。

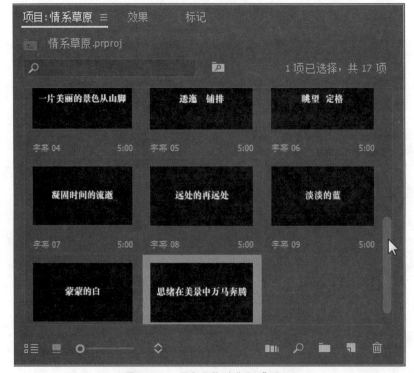

图 10-59 保存字幕到"项目"窗口

步骤 11 新建素材箱"字幕"，将所有字幕文件拖曳到其中，如图 10-60 所示。

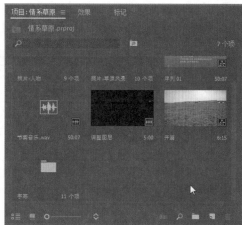

图 10-60　添加字幕到素材箱

步骤 12　保存项目文件。

操作 006　创建字幕动画

案例文件：	工程 / 第 10 章 / 操作 006.prproj		视频教学：	视频 / 第 10 章 / 创建字幕动画 .mp4
难易程度：	★★★★★	学习时间：　7 分 47 秒	实例要点：	应用"裁剪"滤镜和运动关键帧

本操作的最终效果如图 10-61 所示。

图 10-61　字幕动画效果

步骤 1　双击打开素材箱"字幕"，拖曳"字幕 02"到时间线窗口的 V4 轨道上，设置起点为 6 秒 15 帧，终点为 7 秒 15 帧，如图 10-62 所示。

步骤 2　为"字幕 02"添加"裁剪"滤镜，拖曳当前指针到 7 秒 10 帧，在"效果控件"面板中设置"羽化边缘"的数值为 25，激活"左侧"和"右侧"参数的关键帧，如图 10-63 所示。

步骤 3　拖曳当前指针到"字幕 02"的起点，调整"左侧"和"右侧"的数值，添加关键帧，如图 10-64 所示。

图 10-62　添加字幕到时间线

图 10-63　设置滤镜参数

图 10-64　添加关键帧

步骤 4 拖曳当前指针，在"节目监视器"窗口中查看"字幕 02"的动画效果，如图 10-65 所示。

图 10-65 查看字幕动画效果

步骤 5 添加"字幕 03"到 V4 轨道中，排列在"字幕 02"的后面，设置该字幕的终点为 8 秒 10 帧，如图 10-66 所示。

步骤 6 在"效果控件"面板中分别在 7 秒 18 帧、7 秒 22 帧、8 秒 01 帧和 8 秒 10 帧设置"缩放"的关键帧，数值分别为 100%、230%、100% 和 120%，如图 10-67 所示。

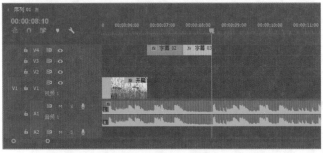

图 10-66 添加字幕到时间线

图 10-67 创建缩放关键帧

步骤 7 拖曳当前指针，在"节目监视器"窗口中查看"字幕 03"的动画效果，如图 10-68 所示。

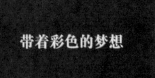

图 10-68 查看字幕动画效果

步骤 8 添加"字幕 04"到 V4 轨道中，排列在"字幕 03"的后面，设置该字幕的终点为 10 秒 04 帧，如图 10-69 所示。

步骤 9 在"效果控件"面板中分别在 9 秒 04 帧和 9 秒 17 帧创建"缩放"的关键帧，数值为分别为 560% 和 100%，如图 10-70 所示。

步骤 10 分别在 8 秒 10 帧、8 秒 20 帧、9 秒 04 帧和 9 秒 17 帧添加"位置"关键帧，数值分别为（185,360）、（-8.6,360）、（640,360）和（640,360），如图 10-71 所示。

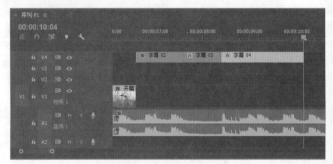

图 10-69 添加字幕到时间线

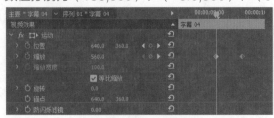

图 10-70 设置缩放关键帧

图 10-71 添加运动关键帧

步骤 11 选择前面三个关键帧，单击鼠标右键，在弹出的快捷菜单中选择"临时插值"|"定格"命令，设置关键帧插值为"定格"，如图 10-72 所示。

图 10-72　设置关键帧插值

步骤 12 拖曳当前指针，在"节目监视器"窗口中查看字幕动画效果，如图 10-73 所示。

图 10-73　查看字幕动画效果

步骤 13 保存项目文件，在"节目监视器"窗口中预览效果。

操作 007　组接快切镜头

案例文件：	工程 / 第 10 章 / 操作 007.prproj		视频教学：	视频 / 第 10 章 / 组接快切镜头 .mp4
难易程度：	★★★★☆	学习时间：　6 分 18 秒	实例要点：	设置运动关键帧

本操作的最终效果如图 10-74 所示。

图 10-74　组接快切镜头效果

步骤 1 在"项目"窗口中打开素材箱"照片 – 人物"，添加图片"骑马 .jpg"到 V1 轨道上，首尾与"字幕 02"对齐，如图 10-75 所示。

步骤2 激活"效果控件"面板，分别在 6 秒 15 帧和 7 秒 10 帧设置"位置"的关键帧，数值分别为（640,1025）和（640,236），如图 10-76 所示。

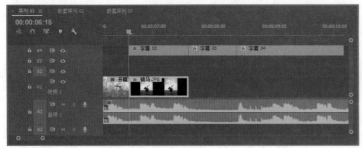

图 10-75 添加素材到时间线

图 10-76 设置位置关键帧

步骤3 拖曳当前指针，在"节目监视器"窗口中查看背景与字幕的动画效果，如图 10-77 所示。

图 10-77 查看节目预览效果

步骤4 从"项目"窗口中拖曳照片素材"羊群 .jpg"到 V1 轨道中，首尾端与"字幕 03"对齐，如图 10-78 所示。

步骤5 拖曳当前指针到素材的起点，在"效果控件"面板中调整"位置"和"缩放"的参数并设置关键帧，如图 10-79 所示。

步骤6 拖曳当前指针到 8 秒 09 帧，在"效果控件"面板中调整"位置"和"缩放"的参数，添加关键帧，如图 10-80 所示。

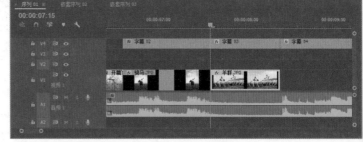

图 10-78 添加素材到时间线

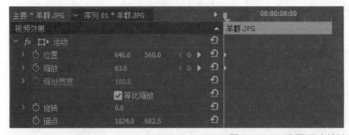

图 10-79 设置运动关键帧

图 10-80 添加运动关键帧

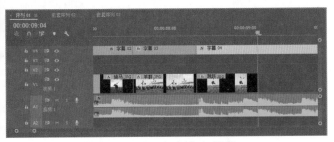

图 10-81　添加素材到时间线

步骤7　从"项目"窗口中拖曳素材"跳跃.jpg"到V1轨道上，其首端与V4轨道上的"字幕04"对齐，末端对齐9秒04帧，如图10-81所示。

步骤8　选择"字幕04"，在"效果控件"面板中设置"混合模式"为"相除"，如图10-82所示。

图 10-82　设置混合模式

步骤9　选择照片素材"跳跃.jpg"，激活"效果控件"面板，分别在8秒10帧和8秒20帧设置"位置"参数的关键帧，数值分别为（640,780）和（640,-242），拖曳当前指针查看节目预览效果，如图10-83所示。

  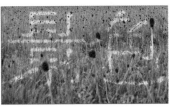

图 10-83　查看素材动画效果

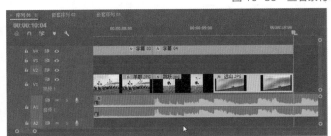

图 10-84　添加素材到时间线

步骤10　从"项目"窗口中拖曳素材"远山.jpg"到V1轨道上，其首端与V1轨道上的"跳跃.jpg"尾端相接，末端与"字幕04"对齐，如图10-84所示。

步骤11　拖曳当前指针到素材的起点，在"效果控件"面板中设置"位置"和"缩放"参数并设置关键帧，如图10-85所示。

图 10-85　设置运动关键帧

步骤12　拖曳当前指针到9秒22帧，调整"位置"和"缩放"的数值，添加关键帧，如图10-86所示。

图 10-86　添加运动关键帧

步骤 13 保存项目文件，在"节目监视器"窗口中预览效果。

操作 008 字幕变幻效果

案例文件：	工程 / 第 10 章 / 操作 008.prproj		视频教学：	视频 / 第 10 章 / 字幕变幻效果 .mp4
难易程度：	★★★★★	学习时间： 9 分 10 秒	实例要点：	设置运动关键帧和混合模式

本操作的最终效果如图 10-87 所示。

图 10-87 字幕变幻效果

步骤 1 从"项目"窗口中拖曳素材"山 02.jpg"到 V3 轨道上，其首端与 V4 轨道上的"字幕 04"尾端相连，末端对齐 11 秒 08 帧，如图 10-88 所示。

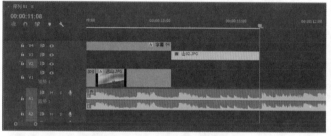

图 10-88 添加素材到时间线

步骤 2 在该素材上单击鼠标右键，在弹出的快捷菜单中选择"嵌套"命令，如图 10-89 所示。

步骤 3 双击打开该嵌套，选择素材"山 02.jpg"，在"效果控件"面板中调整"位置"和"缩放"的数值并设置关键帧，如图 10-90 所示。

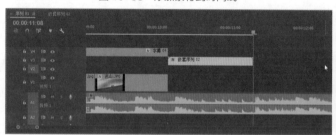

图 10-89 嵌套素材

步骤 4 拖曳当前指针到 1 秒 03 帧，调整"位置"和"缩放"的数值，添加关键帧，创建图片模拟摇镜头的动画效果，如图 10-91 所示。

图 10-90 设置运动关键帧

图 10-91 添加运动关键帧

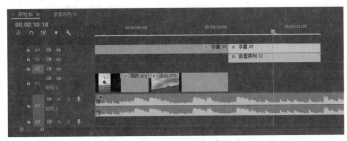

图 10-92　添加字幕到时间线

步骤 5　激活"序列 01"的时间线，添加"字幕 05"到 V4 轨道中，与 V3 轨道中的嵌套素材对齐，如图 10-92 所示。

步骤 6　在"效果控件"面板中设置"混合模式"为"相除"；拖曳当前指针到 10 秒 18 帧，设置"位置"和"缩放"参数的关键帧，如图 10-93 所示。

图 10-93　设置蒙版形状关键帧

步骤 7　拖曳当前指针到 10 秒 20 帧，在"效果控件"面板中调整"位置"的数值，添加第二个关键帧，如图 10-94 所示。

图 10-94　调整蒙版关键帧

步骤 8　选择这两个关键帧，单击鼠标右键，在弹出的快捷菜单中选择"临时插值"|"定格"命令，如图 10-95 所示。

步骤 9　在"项目"窗口空白处单击鼠标右键，在弹出的快捷菜单中选择"新建项目"|"颜色遮罩"命令，创建一个黑色的固态层，并添加到 V1 轨道上，如图 10-96 所示。

步骤 10　为黑色图层添加"渐变"滤镜，在"效果空间"面板中设置"起始颜色"和"结束颜色"对应的颜色，如图 10-97 所示。

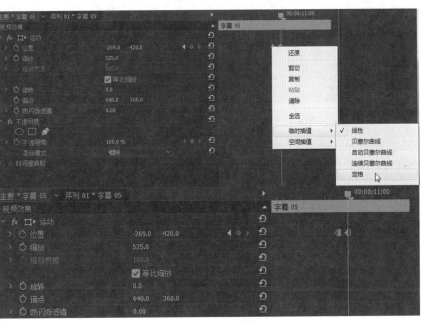

图 10-95　设置关键帧插值

步骤 11 在时间线窗口中复制 V4 轨道上的"字幕 05"，粘贴到 V2 轨道上，如图 10-98 所示。

步骤 12 在"效果控件"面板中调整"混合模式"为"相减"，设置"不透明度"的数值为 40%，如图 10-99 所示。

步骤 13 拖曳当前指针到 10 秒 15 帧，拖曳 V2 轨道上字幕的首段与当前指针对齐，如图 10-100 所示。

步骤 14 添加素材"奔跑 .jpg"V3 轨道上，设置素材的终点为 12 秒 15 帧，如图 10-101 所示。

步骤 15 在素材"奔跑 .jpg"上单击鼠标右键，在弹出的快捷菜单中选择"嵌套"命令，执行素材嵌套，如图 10-102 所示。

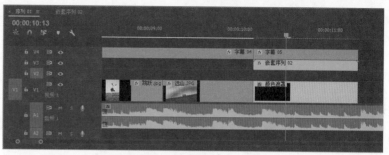

图 10-96　添加黑色图层到时间线

图 10-97　应用渐变滤镜

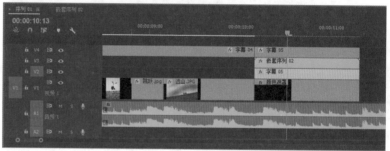

图 10-98　复制并粘贴素材

图 10-99　设置不透明度参数

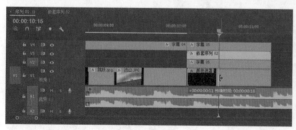

图 10-100　调整素材长度

步骤 16 双击打开"嵌套序列 03"，选择素材"奔跑 .jpg"，在"效果控件"面板中调整"位置"和"缩放"的参数，并设置"位置"的关键帧，如图 10-103 所示。

步骤 17 拖曳当前指针到 1 秒 06 帧，在"效果控件"面板中调整"位置"的参数，添加关键帧，如图 10-104 所示。

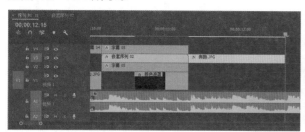

图 10-101　添加素材到时间线

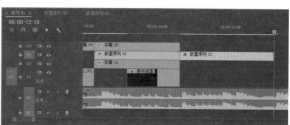

图 10-102　素材嵌套

图 10-103　设置位置关键帧

图 10-104　添加位置关键帧

步骤 18　激活"序列 01"的时间线，添加"字幕 06"到 V4 轨道上，在"效果控件"面板中设置"位置"和"缩放"的参数，分别在 11 秒 12 帧和 12 秒 02 帧创建"位置"参数的关键帧，并设置关键帧的插值为"定格"，如图 10-105 所示。

步骤 19　选择"嵌套序列 03"，添加"轨道遮罩键"滤镜，设置相关的参数，如图 10-106 所示。

图 10-105　设置位置关键帧

图 10-106　添加滤镜并设置参数

步骤 20　延长 V1 轨道中的黑色图层，复制 V4 轨道中的"字幕 06"并粘贴到 V2 轨道上，如图 10-107 所示。

步骤 21 选择 V2 轨道中的"字幕 06",在"效果控件"面板中设置"混合模式"为"相减",如图 10-108 所示。

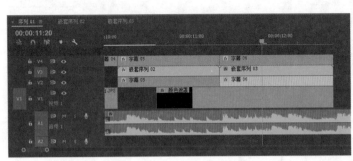

图 10-107 复制并粘贴字幕

图 10-108 设置混合模式

步骤 22 保存项目文件,在"节目监视器"窗口中预览效果。

操作 009 创建画中画效果

案例文件:	工程 / 第 10 章 / 操作 009.prproj	视频教学:	视频 / 第 10 章 / 创建画中画效果 .mp4
难易程度:	★★★★☆ 学习时间: 7 分 36 秒	实例要点:	应用圆角矩形和轨道蒙版键滤镜创建画中画

本操作的最终效果如图 10-109 所示。

图 10-109 创建画中画效果

步骤 1 拖曳当前指针到 17 秒,选择 A1 轨道上的音频素材,按 Ctrl+K 组合键,切断音频素材,并删除后面的片段,如图 10-110 所示。

图 10-110 切断音频素材

步骤 2 从"项目"窗口中拖曳素材"天空草地 .jpg"到 V1 轨道上,末端对齐 14 秒 12 帧,如图 10-111 所示。

步骤 3 拖曳当前指针到素材的起点,

图 10-111 添加素材到时间线

在"效果控件"面板中设置"位置"和"缩放"的数值并设置关键帧，如图 10-112 所示。

图 10-112　设置运动关键帧

步骤 4　拖曳当前指针到 14 秒 11 帧，调整"缩放"的数值，添加关键帧，创建图片模拟推镜头的动画效果，如图 10-113 所示。

图 10-113　添加运动关键帧

步骤 5　拖曳当前指针到 13 秒 22 帧，添加"缩放"的关键帧，然后拖曳该关键帧到 14 秒 04 帧，如图 10-114 所示。

步骤 6　添加素材"女人红巾 .jpg"到 V2 轨道上，首段对齐 13 秒 05 帧，设置素材时长为 10 帧，如图 10-115 所示。

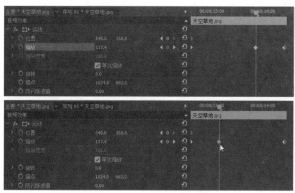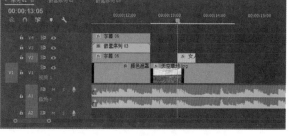

图 10-114　添加并移动关键帧　　　　　　　　图 10-115　添加素材到时间线

步骤 7　在"效果控件"面板中调整"缩放"的数值，如图 10-116 所示。

图 10-116　调整缩放参数

步骤 8　在"项目"窗口空白处单击鼠标右键，在弹出的快捷菜单中选择"新建项目"|"标题"命令，如图 10-117 所示。

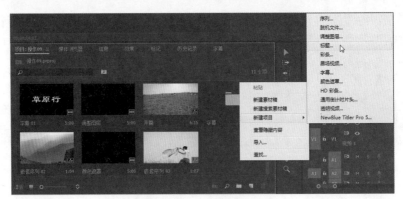

图 10-117　新建字幕

步骤 9　创建一个新的字幕，命名为"画框"，如图 10-118 所示。

步骤 10　在字幕编辑器窗口中创建一个圆角矩形，设置描边的颜色值为（R89、G148、B178），如图 10-119 所示。

图 10-118　新建字幕

图 10-119　创建圆角矩形

步骤 11　添加字幕"画框"到时间线窗口的 V3 轨道上，起点在 13 秒 05 帧，如图 10-120 所示。

图 10-120　添加字幕到时间线

步骤 12　添加素材"小女孩 .jpg"到 V2 轨道上，尾端对齐 14 秒 04 帧，如图 10-121 所示。

图 10-121　添加素材到时间线

图 10-122　复制并粘贴素材

步骤 13 复制 V2 轨道上的"女人红巾",粘贴到 V4 轨道上并拉长素材与"画框"对齐,如图 10-122 所示。

步骤 14 选择 V3 轨道上的"小女孩",单击鼠标右键,在弹出的快捷菜单中选择"嵌套"命令,如图 10-123 所示。

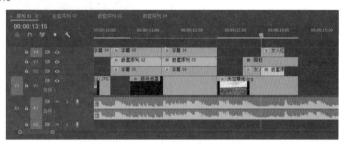

图 10-123　嵌套素材

步骤 15 为"嵌套序列 04"添加"轨道遮罩键"滤镜,设置滤镜参数,如图 10-124 所示。

步骤 16 双击打开"嵌套序列 04"的时间线,选择素材,在"效果控件"面板中调整"位置"和"缩放"的参数,并设置"位置"的关键帧,如图 10-125 所示。

图 10-124　添加滤镜并设置参数

图 10-125　设置运动关键帧

步骤 17 激活"序列 01",保存项目文件,在"节目监视器"窗口中查看预览效果。

操作 010　片尾闪动字幕动画

案例文件:	工程 / 第 10 章 / 操作 010.prproj	视频教学:	视频 / 第 10 章 / 片尾闪动字幕动画 .mp4
难易程度:	★★★★★　学习时间:	6 分 28 秒	实例要点:	设置运动关键帧和复制粘贴属性

本操作的最终效果如图 10-126 所示。

图 10-126　片尾闪动字幕动画效果

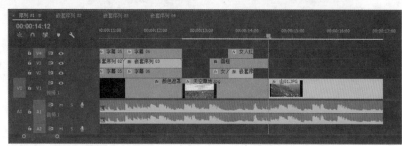

步骤 1 激活序列 01 的时间线，添加素材"山 01.jpg"到 V1 轨道上，末端对齐音频素材的末端，如图 10-127 所示。

图 10-127　添加素材到时间线

步骤 2 选择 V1 轨道上的素材"天空草地 .jpg"，按 Ctrl+C 组合键，然后选择刚添加的素材"山 01.jpg"，按 Ctrl+Alt+V 组合键进行属性粘贴，在弹出的"粘贴属性"对话框中只勾选"运动"复选框，如图 10-128 所示。

步骤 3 拖曳当前指针到 15 秒 06 帧，在"效果控件"面板中调整"位置"的第二个关键帧，与当前指针对齐，如图 10-129 所示。

图 10-128　粘贴属性

图 10-129　调整关键帧

步骤 4 为 V1 轨道中的素材"天空草地"和"山 01"添加"交叉缩放"转场效果，设置时长为 10 帧，如图 10-130 所示。

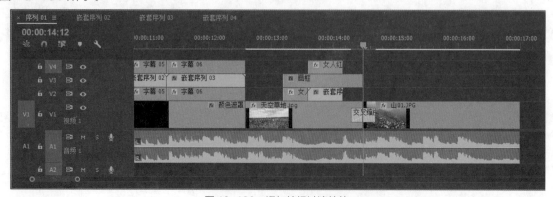

图 10-130　添加转场过渡特效

步骤 5 选择 V1 轨道上的"山 01.jpg"，在"效果控件"面板中拖曳当前指针到第二个关键帧 15

秒 06 帧，添加"字幕 07"到 V3 轨道上，首段对齐当前指针，尾端对齐序列的终点，如图 10-131 所示。

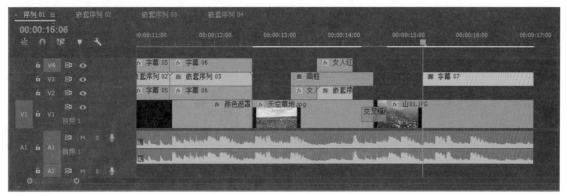

图 10-131　添加字幕到时间线

步骤 6　激活"效果控件"面板，设置"混合模式"为"强光"，在素材的起点调整"缩放"值为 345%，调整"位置"参数并设置关键帧，如图 10-132 所示。

图 10-132　设置运动参数

步骤 7　拖曳当前指针到 15 秒 15 帧，调整"位置"参数添加关键帧，设置关键帧插值为"定格"，如图 10-133 所示。

图 10-133　设置运动关键帧

步骤 8　拖曳当前指针到 15 秒 24 帧，调整"位置"参数添加关键帧，同时设置"缩放"关键帧，如图 10-134 所示。

图 10-134　设置关键帧

步骤9 拖曳当前指针到 16 秒 12 帧，调整"缩放"的参数值，添加关键帧，如图 10-135 所示。

图 10-135 设置运动关键帧

步骤10 分别在 16 秒 15 帧和 16 秒 20 帧切断"字幕 07"，选择中间的这一小段素材，在"效果控件"面板中调整"混合模式"为"相除"，如图 10-136 所示。

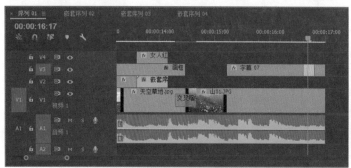

图 10-136 切断素材

步骤11 选择第一段字幕，添加"裁剪"滤镜，分别在素材的起点、15 秒 15 帧和 15 秒 24 帧添加关键帧并设置插值为"定格"，如图 10-137 所示。

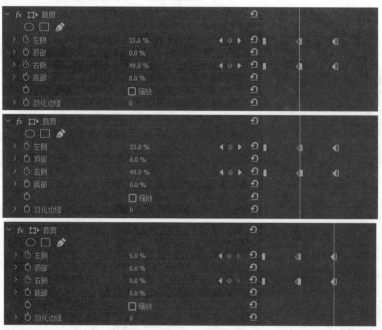

图 10-137 设置滤镜关键帧

步骤12 至此整个项目制作完成，保存项目文件，在"节目监视器"窗口中预览效果。

第 11 章

白酒电视广告

本章实例主要应用实拍的水流素材和三维渲染的图像序列进行合成，不仅涉及了实拍素材的整体调色和局部调色的技术，更详细讲述了在 Premiere Pro CC 2017 中进行轨道合成的功能，除了混合模式的选择，还使用了控制局部合成的蒙版和应用遮罩滤镜。这是针对前面所讲的合成和调色内容的最好的总结和综合运用，也是影视后期制作师具有很高的综合能力的体现。

本章重点

■导入序列图像素材　　■麦田天空色彩匹配　　■麦田天空局部调色　　■水流素材调速
■轨道混合模式与蒙版　　■RGB 曲线滤镜区域调色　　■设置遮罩滤镜

本实例的最终效果如图 11-1 所示。

图 11-1　白酒电视广告效果

操作001　组织视频素材

案例文件：	工程 / 第 11 章 / 操作 001.prproj		视频教学：	视频 / 第 11 章 / 组织视频素材 .mp4
难易程度：	★★★☆☆	学习时间：　2 分 10 秒	实例要点：	应用素材箱管理素材

本操作的最终效果如图 11-2 所示。

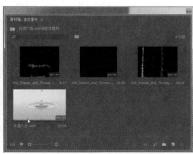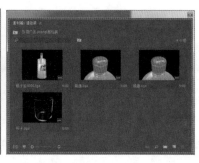

图 11-2　素材文件夹效果

步骤 1　打开软件 Adobe Premiere Pro CC 2017，在"项目"窗口中新建文件夹"田野实拍"，导入三段麦田的素材，如图 11-3 所示。

步骤 2　新建一个素材箱，命名为"液体素材"，如图 11-4 所示。

步骤 3　新建一个素材箱，命名为"酒包装"，导入三维软件渲染输出的图像文件，如图 11-5 所示。

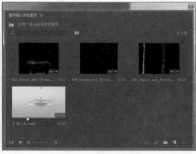

图 11-3　导入素材　　　　　图 11-4　新建素材箱 1　　　　　图 11-5　新建素材箱

步骤 4　新建一个序列，选择预设"HDV 720p25"，如图 11-6 所示。

步骤 5　导入音频素材"030.wav"并拖曳到时间线窗口中的 A1 轨道上，放大显示音频轨道，可以查看音频波形，如图 11-7 所示。

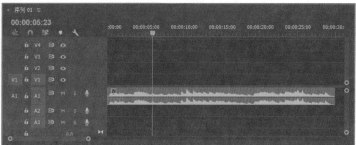

图 11-6 新建序列　　　　　　　　　图 11-7 导入音频到时间线

操作 002　田野镜头剪辑

案例文件：	工程 / 第 11 章 / 操作 002.prproj		视频教学：	视频 / 第 11 章 / 田野镜头剪辑 .mp4
难易程度：	★★★★☆	学习时间：3 分 02 秒	实例要点：	设置素材出入点

本操作的最终效果如图 11-8 所示。

图 11-8 田野镜头剪辑效果

步骤 1 从"项目"窗口中双击打开素材箱"田野实拍"，双击打开其中的素材"金色小麦特写 .mp4"，在"源监视器"窗口中查看视频内容并设置出点为 3 秒 04 帧，如图 11-9 所示。

步骤 2 从"源监视器"窗口中拖曳素材到时间线窗口中的 V1 轨道上，如图 11-10 所示。

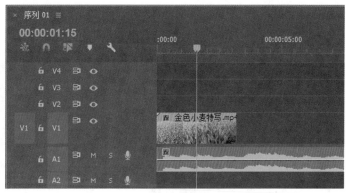

图 11-9 设置素材出点　　　　　　　图 11-10 添加素材到时间线

步骤 3 双击打开素材"金色麦田 .mp4"，在"源监视器"窗口中预览素材内容并设置素材的出点，如图 11-11 所示。

步骤4 从"源监视器"窗口中拖曳该素材到时间线窗口中的 V1 轨道上，排列在第二片段，如图 11-12 所示。

图 11-11　设置出点

图 11-12　添加素材到时间线

步骤5 双击打开素材"手拂麦田.mp4"，在"源监视器"窗口中查看素材内容并设置入点和出点，如图 11-13 所示。

步骤6 从"源监视器"窗口中拖曳该素材到时间线窗口中的 V1 轨道上，排列在第三片段，如图 11-14 所示。

图 11-13　设置入点和出点

图 11-14　添加素材到时间线

步骤7 双击打开素材"金色小麦特写.mp4"，在"源监视器"窗口中查看素材内容并设置入点，如图 11-15 所示。

步骤8 从"源监视器"窗口中拖曳该素材到时间线窗口中的 V1 轨道上，排列在第四片段，如图 11-16 所示。

图 11-15　设置素材入点

图 11-16　添加素材到时间线

步骤9 保存场景，在"节目监视器"窗口中查看田野镜头剪辑的效果。

操作003 金色麦田天空调色

案例文件：	工程 / 第 11 章 / 操作 003.prproj		视频教学：	视频 / 第 11 章 / 金色麦田天空调色 .mp4
难易程度：	★★★★★	学习时间：	7 分 10 秒	实例要点： BCC Color Match 色彩匹配和"三向颜色校正器"的二级调色

本操作的最终效果如图 11-17 所示。

图 11-17　金色麦田天空调色效果

步骤 1 拖曳当前指针到时间线上第二个片段"金色麦田"的位置，为该素材添加 BCC Color Match 滤镜，如图 11-18 所示。

图 11-18　添加匹配滤镜

步骤 2 在"效果控件"面板中单击 Hilight Source 右侧的色块，在弹出的"拾色器"对话框中调整颜色，如图 11-19 所示。

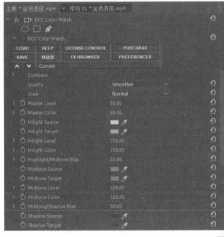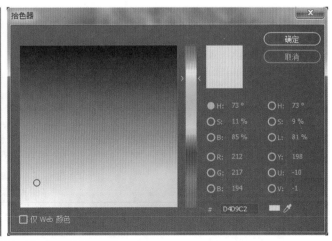

图 11-19　设置源高光颜色

提示 从"拾色器"对话框中设置颜色，也可以使用相应属性右侧的"吸管工具"，在"节目监视器"窗口中吸取颜色。

步骤 3 单击 Hilight Target 右侧的色块，在弹出的"拾色器"对话框中调整颜色，如图 11-20 所示。

 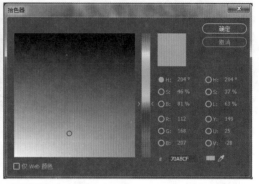

图 11-20　设置目标高光颜色

步骤 4 单击"确定"按钮关闭"拾色器"对话框，在"节目监视器"窗口中查看效果，如图 11-21 所示。

图 11-21　查看颜色匹配效果

步骤 5 继续调整 Midtone Source 和 Midtone Target 的颜色值分别为（R245、G186、B96）和（R248、G177、B70），如图 11-22 所示。

图 11-22　匹配中间色

步骤 6　继续调整 Shadow Source 和 Shadow Target 的颜色值分别为（R71、G43、B0）和（R82、G41、B0），如图 11-23 所示。

图 11-23　匹配暗部颜色

步骤 7　添加"三向颜色校正器"滤镜，在滤镜面板中展开"辅助颜色校正"选项栏，单击"中心"右侧的"吸管工具"，在"节目监视器"窗口中单击天空区域吸取颜色，如图 11-24 所示。

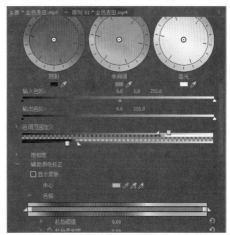

图 11-24　拾取颜色

步骤 8　勾选"显示蒙版"复选框，在"节目监视器"窗口中查看选区的天空区域，如图 11-25 所示。

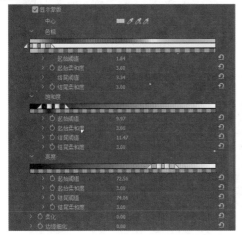
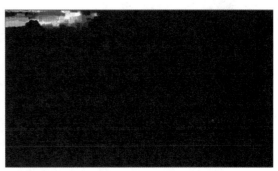

图 11-25　显示选色蒙版

步骤9 调整"色相""饱和度"和"亮度"对应的滑块，调整选区天空的蒙版，如图 11-26 所示。

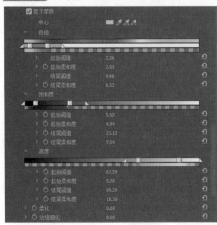

图 11-26 调整蒙版参数

步骤10 调整"柔化"和"边缘细化"的数值分别为 50 和 40，查看"节目监视器"窗口中天空选区的蒙版，如图 11-27 所示。

步骤11 取消勾选"显示蒙版"复选框，调整"阴影""中间调"和"高光"色轮以及"输入色阶"两端的滑块，改变天空的色调和对比度，如图 11-28 所示。

步骤12 添加"RGB 曲线"滤镜，调整曲线形状，提高亮度和对比度，稍调整蓝色，如图 11-29 所示。

图 11-27 调整蒙版边缘

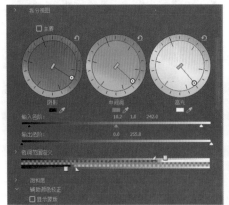

图 11-28 二级调色

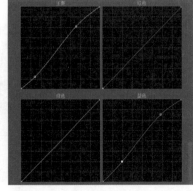

图 11-29 调整曲线

步骤13 保存项目文件，在"节目监视器"窗口中查看开篇动画的效果。

操作004 其他麦田素材调色

案例文件：	工程 / 第 11 章 / 操作 004.prproj		视频教学：	视频 / 第 11 章 / 其他麦田素材调色 .mp4
难易程度：	★★★★☆	学习时间： 3 分 34 秒	实例要点：	应用"三向颜色校正器"滤镜调整色调、对比度和饱和度

本操作的最终效果如图 11-30 所示。

图 11-30　麦田素材调色效果

步骤1 在时间线窗口中选择 V1 轨道上第一片段的素材，添加"三向颜色校正器"，调整"中间调"色轮的中心偏向黄色和红色的区域，如图 11-31 所示。

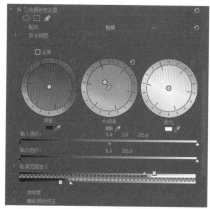 

图 11-31　调整中间调

步骤2 单击"中间调"下方的色块，在弹出的"拾色器"对话框中调整颜色，如图 11-32 所示。

步骤3 单击"确定"按钮关闭"拾色器"对话框，在"节目监视器"窗口中查看画面的色调变化，如图 11-33 所示。

 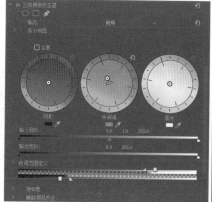 

图 11-32　拾取中间调颜色

图 11-33　查看调色效果

步骤4 调整"输入色阶"两段的滑块，调高亮度和对比度，如图 11-34 所示。

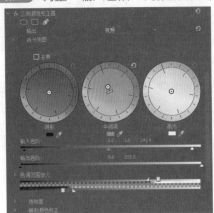 

图 11-34 调整色阶

步骤5 在时间线窗口中选择第四个片段，添加"三向颜色校正器"，调整"阴影"和"高光"色轮的中心偏向蓝色和青色的区域，如图 11-35 所示。

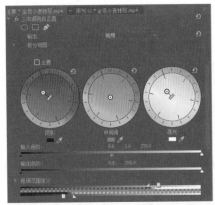 

图 11-35 调整阴影高光

步骤6 单击"中间调"下方的色块，在弹出的"拾色器"对话框中调整颜色，如图 11-36 所示。

步骤7 单击"确定"按钮关闭"拾色器"对话框，在"节目监视器"窗口中查看画面的色调变化，如图 11-37 所示。

图 11-36 拾取中间调颜色

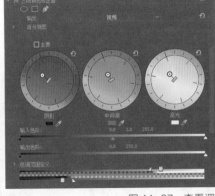

图 11-37 查看调色效果

步骤8 调整"输入色阶"右端的滑块，调高亮度，如图 11-38 所示。

步骤9 展开"饱和度"选项栏，调整"主饱和度"的数值为 115，如图 11-39 所示。

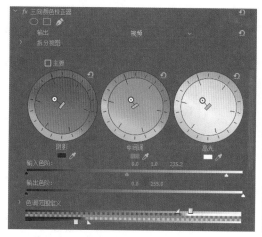

图 11-38　调整色阶

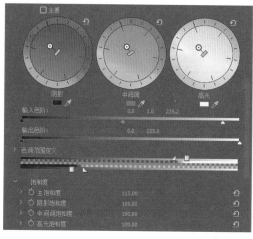

图 11-39　调整饱和度

步骤10　第三个片段"手拂麦田"不用调整，保存项目文件，在"节目监视器"中查看麦田调色后的效果。

操作005　酒包装与水合成 1

案例文件：	工程 / 第 11 章 / 操作 005.prproj		视频教学：	视频 / 第 11 章 / 酒包装与水合成 1.mp4
难易程度：	★★★★★	学习时间：	6 分 07 秒	实例要点：	调整速度和应用滤镜蒙版

本操作的最终效果如图 11-40 所示。

图 11-40　酒包装与水合成 1 效果

步骤1　从"项目"窗口中添加酒包装素材"瓶盖 .tga"到时间线窗口的 V1 轨道上，设置时长为 5 秒，在"效果控件"面板中调整"缩放"的数值为 125%，如图 11-41 所示。

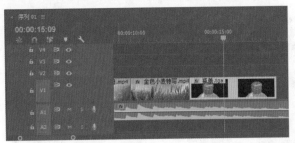

图 11-41 调整素材到时间线

步骤 2 从"项目"窗口中打开"液体素材"素材箱，双击液体素材"004_Impact_and_Throws.mp4"，在"源监视器"窗口中设置素材的入点和出点，如图 11-42 所示。

步骤 3 添加该液体素材到 V2 轨道上，与 V1 轨道上的"瓶盖"对齐，激活"效果控件"面板，调整"位置"和"缩放"参数，选择"混合模式"为"滤光"，如图 11-43 所示。

步骤 4 在 V2 轨道的液体素材上单击鼠标右键，在弹出的快捷菜单中选择"速度和持续时间"命令，在弹出的"剪辑速度 / 持续时间"对话框中，设置"速度"的数值为 300%，如图 11-44 所示。

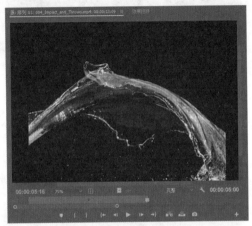

图 11-42 设置出入点

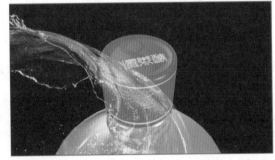

图 11-43 设置素材运动参数

步骤 5 拖曳当前指针到 14 秒 04 帧，选择 V2 轨道上的液体素材，按 Ctrl+K 组合键，将该素材分成两段，如图 11-45 所示。

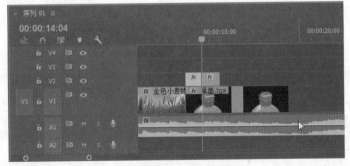

图 11-44 调整素材速度　　　　　　　　　　　　　　　图 11-45 将素材分段

步骤 6 在第二段液体素材上单击鼠标右键，在弹出的快捷菜单中选择"速度和持续时间"命令，在弹出的"剪辑速度 / 持续时间"对话框中设置"速度"的数值为 100%，然后在时间线窗口中拖曳该素材的末端延长与 V1 轨道上的"瓶盖"对齐，如图 11-46 所示。

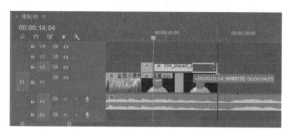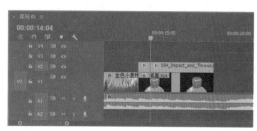

图 11-46　延长素材

步骤 7　拖曳当前指针,在"节目监视器"窗口中查看液体素材与瓶盖的合成效果,如图 11-47 所示。

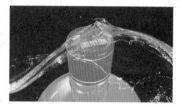

图 11-47　查看合成效果

步骤 8　为 V1 轨道上的素材"瓶盖"添加"RGB 曲线"滤镜,选择"椭圆形蒙版工具"⬭,在"节目监视器"窗口中绘制一个椭圆形蒙版,并调整蒙版参数,如图 11-48 所示。

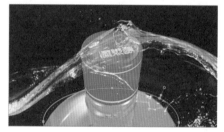

图 11-48　绘制蒙版并设置参数

步骤 9　调整曲线形状,提高亮度,降低暗部,提高对比度,如图 11-49 所示。

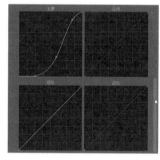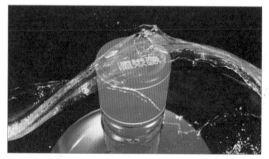

图 11-49　调整曲线

步骤 10　添加"纯色合成"滤镜,设置"颜色"值为(R108、G177、B255),并设置"不透明度"和"混合模式"参数,如图 11-50 所示。

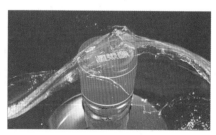

图 11-50　应用纯色合成滤镜

目前不仅玻璃瓶呈现了蓝色，在背景区域也呈现了蓝色，接下来会通过轨道蒙版去除背景的蓝色。

步骤 11　添加素材"瓶盖 .jpg"到 V3 轨道上，与 V1 轨道上的"瓶盖"对齐，如图 11-51 所示。

步骤 12　选择 V1 轨道上的素材"瓶盖"，添加"轨道遮罩键"滤镜，设置相关的参数，如图 11-52 所示。

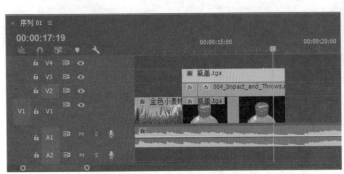

图 11-51　添加素材到时间线

图 11-52　添加滤镜并设置参数

步骤 13　保存项目文件，在"节目监视器"窗口中查看效果。

操作006　酒包装与水合成 2

案例文件：	工程 / 第 11 章 / 操作 006.prproj		视频教学：	视频 / 第 11 章 / 酒包装与水合成 2.mp4
难易程度：	★★★★★	学习时间：　7 分 31 秒	实例要点：	"RGB 曲线"滤镜的蒙版控制及"纯色合成"滤镜改变色调

本操作的最终效果如图 11-53 所示。

图 11-53　酒包装与水合成 2 效果

步骤 1　从"项目"窗口中拖曳图片序列素材"瓶子全 0000.tga"到 V2 轨道上，时长为 6 秒，如图 11-54 所示。

步骤 2　选择新添加的素材，激活"效果控件"面板，调整"位置"和"缩放"参数，如图 11-55 所示。

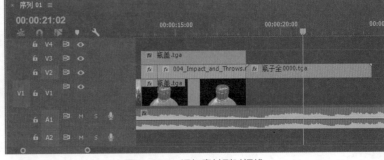

图 11-54　添加素材到时间线

图 11-55　设置运动参数

步骤 3　在"项目"窗口中打开"液体素材"素材箱，双击视频素材"008_Impact_and_Throws.mp4"，在"源监视器"窗口中查看并设置入点和出点，如图 11-56 所示。

步骤 4　添加该素材到 V1 轨道上，如图 11-57 所示。

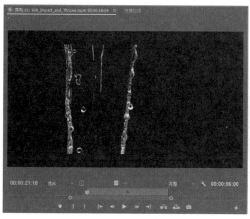

图 11-56　设置素材出入点

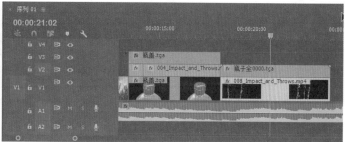

图 11-57　添加素材到时间线

步骤 5　在"效果控件"面板中调整"位置"和"缩放"的参数，如图 11-58 所示。

图 11-58　设置运动参数

步骤 6　选择 V2 轨道上的素材"瓶子全 0000.jpg"，在"效果控件"面板中设置"混合模式"为"强光"，查看节目预览效果，如图 11-59 所示。

步骤 7　为素材"瓶子全 0000.jpg"添加"RGB 曲线"滤镜，绘制一个椭圆形蒙版并设置蒙版参数，然后再调整曲线的形状，如图 11-60 所示。

步骤 8　添加"纯色合成"滤镜，设置"颜色"值为（R138、G193、B255），调整"不透明度"和"混合模式"，如图 11-61 所示。

图 11-59　查看合成效果

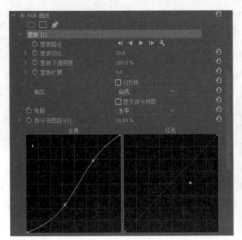

图 11-60　应用曲线滤镜

图 11-61　应用纯色合成滤镜

步骤 9　从"项目"窗口中拖曳图片序列素材"瓶子全 0000.jpg"到 V3 轨道上，与 V2 轨道上的素材"瓶子全 0000.jpg"对齐，如图 11-62 所示。

步骤 10　选择 V2 轨道上的素材"瓶子全 0000.jpg"，添加"轨道遮罩键"滤镜，如图 11-63 所示。

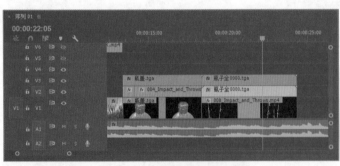

图 11-62　添加素材到时间线

图 11-63　应用轨道遮罩键

步骤 11　在"项目"窗口中打开"液体素材"文件夹，双击视频素材"010_Impact_and_Throws.mp4"，在"源监视器"窗口中查看内容并设置入点和出点，如图 11-64 所示。

步骤 12　添加该素材到 V4 轨道上，其末端与 V1 轨道上的液体素材的末端对齐，如图 11-65 所示。

步骤 13　激活"效果控件"面板，设置"混合模式"为"滤色"，如图 11-66 所示。

步骤 14　保存项目文件，在"节目监视器"窗口中预览效果。

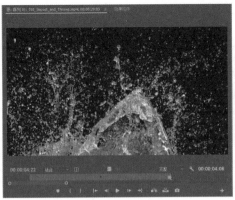

图 11-64 设置出入点

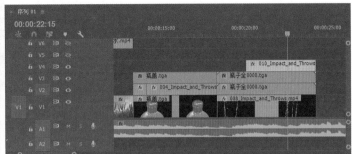

图 11-65 添加素材到时间线

图 11-66 设置混合模式

操作 007 酒包装与水合成 3

案例文件：	工程 / 第 11 章 / 操作 007.prproj		视频教学：	视频 / 第 11 章 / 酒包装与水合成 3.mp4
难易程度：	★★★★★	学习时间： 6 分 17 秒	实例要点：	应用"设置遮罩"和"纯色合成"滤镜

本操作的最终效果如图 11-67 所示。

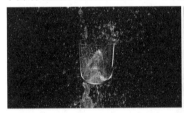

图 11-67 酒包装与水合成 3 效果

步骤 1 从"项目"窗口中拖曳图片序列素材"杯子 .tga"到 V1 轨道上，设置时长为 5 秒 16 帧，其末端与音频的末端对齐，如图 11-68 所示。

步骤 2 在"效果控件"面板中调整"位置"和"缩放"参数，如图 11-69 所示。

步骤 3 添加"纯色合成"滤镜，设置"颜色"值为（R71、G157、B255），如图 11-70 所示。

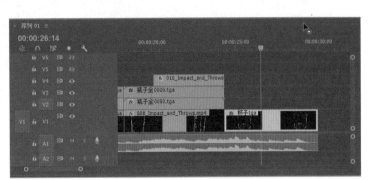

图 11-68 添加素材到时间线

图 11-69　设置运动参数

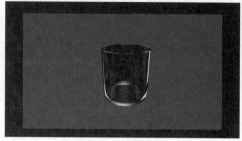

图 11-70　应用纯色合成滤镜

步骤 4　添加"设置遮罩"滤镜，如图 11-71 所示。

图 11-71　设置滤镜参数

步骤 5　添加"RGB 曲线"滤镜，调整曲线形状，稍提高亮度，如图 11-72 所示。

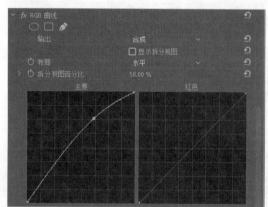

图 11-72　调整曲线滤镜

步骤 6　在"项目"窗口中打开"液体素材"文件夹，双击液体素材"010_Impact_and_Throws.mp4"，在"源监视器"窗口中查看内容并设置入点和出点，如图 11-73 所示。

步骤 7　添加该素材到 V2 轨道上，如图 11-74 所示。

步骤 8　激活"效果控件"面板，调整"位置"和"缩放"参数，设置"混合模式"为"滤色"，如图 11-75 所示。

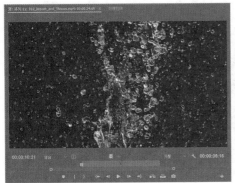

图 11-73 设置素材出入点

图 11-74 添加素材到时间线

图 11-75 设置运动和不透明度参数

步骤9 复制 V1 轨道上的素材"杯子 .jpg"并粘贴到 V3 轨道上,如图 11-76 所示。

步骤10 在"效果控件"面板中关闭"纯色合成""设置遮罩"和"RGB 曲线"滤镜,如图 11-77 所示。

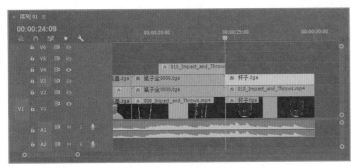

图 11-76 复制素材

图 11-77 关闭滤镜

步骤11 选择 V2 轨道上的液体素材"010_Impact_and_Throws.mp4",添加"轨道遮罩键"滤镜并设置相关参数,如图 11-78 所示。

图 11-78 应用轨道遮罩键

283

步骤 12 在"项目"窗口中打开"液体素材"素材箱，双击液体素材"010_Impact_and_Throws.mp4"，在"源监视器"窗口中查看内容并设置入点和出点，如图 11-79 所示。

步骤 13 在"效果控件"面板中调整"位置"和"缩放"参数，并设置"混合模式"为"滤色"，如图 11-80 所示。

步骤 14 添加"设置遮罩"滤镜并设置相关参数，如图 11-81 所示。

步骤 15 为了呈现玻璃杯的蓝色，我们需要为杯中液体上色。添加"纯色合成"滤镜，设置"颜色"值为（R128、G200、B255），调整"不透明度"和"混合模式"参数，如图 11-82 所示。

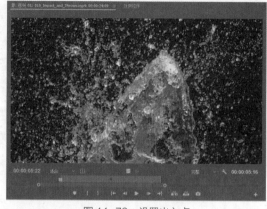

图 11-79 设置出入点

图 11-80 设置运动和不透明度参数

图 11-81 设置滤镜参数

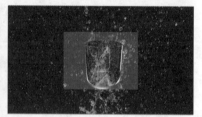

图 11-82 应用纯色合成滤镜

步骤 16 在"效果控件"面板中拖曳该滤镜到"设置遮罩"的上一级，如图 11-83 所示。

图 11-83 调整滤镜顺序

步骤 17 保存项目文件，在"节目监视器"窗口中预览效果。

操作008　完成整个影片

案例文件：	工程 / 第 11 章 / 操作 008.prproj		视频教学：	视频 / 第 11 章 / 完成整个影片 .mp4
难易程度：	★★★★☆	学习时间：　7 分 23 秒	实例要点：	组接多个片段和设计定版字幕

本操作的最终效果如图 11-84 所示。

 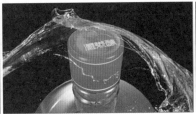 

图 11-84　影片总合成效果

步骤 1　为了使麦田镜头和酒包装之间过渡自然，我们在第四片段"金色小麦特写"叠加一个滴水的素材。在"项目"窗口中打开"液体素材"素材箱，双击打开视频素材"水滴如水 .mp4"，在"源监视器"窗口中查看素材内容并设置入点和出点，如图 11-85 所示。

步骤 2　添加该素材到 V2 轨道中，与 V1 轨道中的素材"金色小麦特写"对齐，如图 11-86 所示。

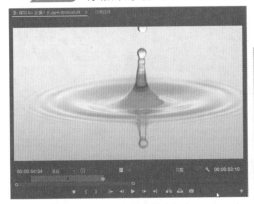 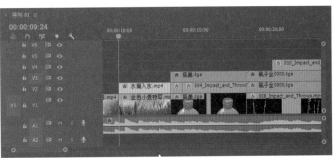

图 11-85　设置素材出入点　　　　　　　　　图 11-86　添加素材到时间线

步骤 3　激活"效果控件"面板，设置"混合模式"为"强光"，如图 11-87 所示。

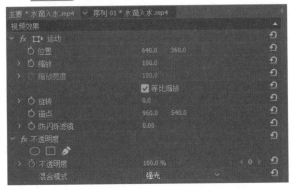 

图 11-87　设置混合模式

步骤 4　添加"黑白"滤镜，查看节目预览效果，如图 11-88 所示。

步骤 5　添加"色阶"滤镜，单击"设置"按钮 ，调整输入色阶中间的滑块，如图 11-89 所示。

图 11-88　查看预览效果

图 11-89　调整色阶滑块

步骤6　新建一个字幕，在字幕编辑器中选择"直线工具"▧，绘制一条直线，设置"填充"属性，如图 11-90 所示。

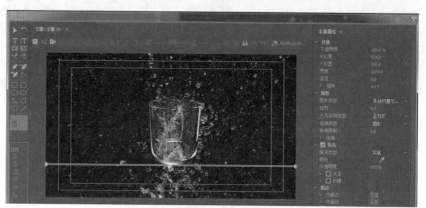

图 11-90　创建字幕

步骤7　添加该字幕到 V5 轨道上，起点为 25 秒 15 帧，如图 11-91 所示。

步骤8　在"效果控件"面板中选择"矩形蒙版工具"▧，绘制一个蒙版，然后设置蒙版参数和混合模式，如图 11-92 所示。

步骤9　拖曳当前指针到 26 秒 11 帧，在"效果控件"面板中激活"缩放宽度"的关键帧，拖曳当前指针到素材的起点，调整"缩放宽度"的数值为 0，创建红线伸展的动画，如图 11-93 所示。

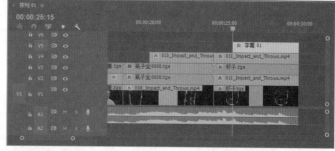

图 11-91　添加字幕到时间线

步骤10　创建一个新的字幕，如图 11-94 所示。

图 11-92　绘制蒙版并设置参数

图 11-93　设置蒙版形状关键帧

图 11-94 创建字幕

步骤 11 添加"字幕 02"到 V6 轨道上，起点为 26 秒 10 帧，如图 11-95 所示。

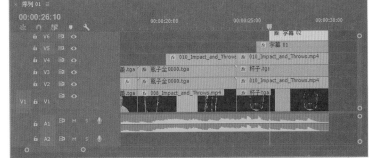

步骤 12 为"字幕 02"的首端添加"交叉溶解"过渡效果，如图 11-96 所示。

图 11-95 添加字幕到时间线

步骤 13 至此整个广告片制作完成，保存项目文件，在"节目监视器"窗口中预览效果。

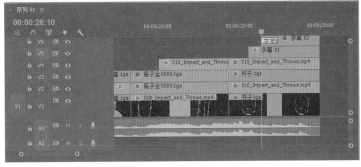

图 11-96 添加过渡特效